爆品战略

产品设计+营销推广+案例应用

杨大川 / 著

石油工业出版社

内容提要

要打造一个爆品，就必须先确定这个爆品是否能解决用户的痛点、是否能满足用户的刚需、是否属于高频，等等。本书通过产品设计、营销推广和案例应用三部分向读者传授了打造爆品的技巧，内容详实，通俗易懂，向读者传递了打造爆品的一种信念，也是一本极具指导意义的实战指南。

图书在版编目（CIP）数据

爆品战略：产品设计＋营销推广＋案例应用 / 杨大川著. —北京：石油工业出版社，2019.5
ISBN 978-7-5183-3225-0

Ⅰ.①爆… Ⅱ.①杨… Ⅲ.①产品设计 ②产品营销
Ⅳ.①TB472 ②F713.50

中国版本图书馆CIP数据核字（2019）第074374号

爆品战略：产品设计+营销推广+案例应用
杨大川 著

出版发行：石油工业出版社
（北京市朝阳区安华里二区 1 号楼 100011）
网　　址：www.petropub.com
编 辑 部：(010) 64523766　图书营销中心：(010) 64523633
经　　销：全国新华书店
印　　刷：北京晨旭印刷厂

2019年5月第1版　2019年5月第1次印刷
710×1000 毫米　开本：1/16　印张：19
字数：240千字

定　价：68.00元

前 言

PREFACE

一个纸箱的爆品方法论

邢凯，“一撕得”包装的创始人。该包装最大的特色就是一撕即开。从2014年到2016年这短短的两年时间，邢凯用一个包装就获得了2000万元的销售额，并与聚美、唯品会这类大型电商网站达成了合作。

只是一个包装，为什么有这么大的魅力？其实很简单，因为邢凯把这个包装打造成了一个爆品。那么，邢凯是如何打造自己的这个爆品的呢？

很多人都认为，纸箱有什么好做的，这么传统的东西已经没有什么价值可言了，更遑论将之打造成一个爆品。其实并不然，只要你懂得改变思路，就知道传统世界里有许多特别有价值、特别有意义的事情。当你换一种思路去看待纸箱，找到另一种方式去设计纸箱，就会发现商机无处不在。

邢凯找到了。在“一撕得”之前，大多数企业对纸箱的认知就是“包裹商品，保证在运输过程中不出现任何问题”而已。确实，这在过去，纸箱的价值就是如此。所以，在过去，纸箱就只是一个包装。但在邢凯看来“纸箱的价值远远不止如此”，只是以往人们是以物的角度去看待纸箱，而邢凯则是以人的角度去看待纸箱。

当用人的角度去看待纸箱时，就必须弄清楚用户是什么。不仅仅要考虑谁用，还要考虑由谁来决策，谁会影响到你。其中涉及到的每一个角色都会对纸箱是否成为爆品产生重要的影响。所以，弄清他们是谁、分清楚他们的使用非常重要。

首先，是消费者：用户。用户才是纸箱的最终目的地。实际上电商平台使用纸箱是为了用户，让用户能够接收到完好无缺的产品。但是，还有一点也需要关注，就是在接收产品的这个过程中的痛点是什么？经研究发现，开箱困难就是用户的痛点。“一撕得”的成功，正是找到了用户的这个痛点，并为用户解决了这个痛点。

其次，是影响者：仓库的员工。传统的包装需要胶带作为辅助，费时费力，包装也不太环保。但是，一撕得却无需胶带的辅助，包装非常快速便捷。这可以为仓库员工节省下很多的时间。如何很快地包装，如何节省时间和工作量，是仓库员工的刚需问题。“一撕得”显然也找到了。

最后，是决策者：企业。电商平台通常有1%～3%的成本是用在纸箱包装上的。虽然一个包装看似不重要，但是企业的销售量越大，需要的成本就越高。如果一个包装能给企业节省一角钱，那么积累下来也是非常庞大的一笔资金。其实，这就是高频的问题。电商网站卖的东西越多，使用包装的次数就越多。“一撕得”显然也找到了一款产品成为爆品的必备元素——“高频”。

从“一撕得”的这个案例上我们可以明白，要打造一个爆品，就必须先确定这个爆品是否能解决用户的痛点、是否能满足用户的刚需、是否属于高频。

当然，这只是爆品最基本的要素。一款爆品的成功打造远远不止如此。还要考虑到爆品是否设计得好，是否能为爆品打造一个好的故事，是否能做好爆品的口碑传播，是否能为口碑传播选择一个好的传播渠道，又是否能为爆品找到合适的工具。

总而言之，打造爆品不简单，但是只要掌握了技巧，也就变得简单了！

目 录

CONTENTS

第 1 章　没有爆品这张门票，你拿什么进入互联网

互联网时代来了，手机屏幕就那么一点大，用户视觉所能接受的信息有限。屏幕越小，用户的注意力就越稀缺。在如今这个时代，靠产品的丰富已经解决不了注意力问题。想要挤进手机屏幕，让用户看到，获取用户的注意力，唯有靠爆品。

1.1 爆品，绝不只是个营销手段

很多企业都把爆品看作一种营销手段，确实，爆品能为企业带来极为庞大的流量，让企业在庞大的流量中寻找到利益点。但是，爆品绝不仅是一种营销手段，它有着更为深刻的内涵，能为企业带来更深层次的价值。

那么，到底什么是爆品呢？我们需要从更深的层次来理解，爆品是一种互联网时代的经营解决方案。企业需要做好规划分步实施，有着极为严谨的战略部署，而因一时的营销手段而获得高效率的产品，绝对不能称之为爆品。譬如电商网站上，卖家用低价打造的高销量产品，就不能算得上是真正的爆品，因为一旦没有低价，该产品的销量就会下降，对店内的引流效用就会下降。

1.1.1 互联网时代，任何产品都能成为爆品

传统商业时代，企业往往奉行的是“多品牌战略”，抑或是“产品矩阵战略”，通过流量产品、利润产品的各种搭配来满足不同人群的需求，并以此来应对竞争对手的攻击。

像苹果手机这样用一款产品打天下的做法，在过去的传统企业中完全无法想象。因为传统渠道中的消费群体太过分散，单品的受众范围过于狭窄，如果只靠一款产品，其销量所得的利润根本无法支持一个企业的发展，因此必须进行“多品牌战略”或是“产品矩阵战略”。

在互联网时代，信息的传递精准而快速，企业与用户的交易打破了时空的限制，长尾效应日益凸显。尤其是在中国这个庞大市场，任何小众产品，只要够极致，就能够在长尾效应下聚集大量的用户。因此，一款产品打天下，在互联网时代得到了实现的可能。

1.1.2　打造爆品是一种思维模式

企业一但确定要打造爆品，就代表着它具备了以下几点特征：一是以极致的思维做出满足用户需求的产品；二是为用户提供极致享受的服务体验；三是能用创新思维对产品进行更新迭代；四是用流量思维来运营业务；五是能对商业模式、组织形态进行规划。总而言之，打造爆品可以让企业拥有一种全新的、完整的思维模式，而这个思维模式则可以让企业获得更大的成功。

例如一下科技，它成功地打造了2015年、2016年最火的三款爆品，秒拍、小咖秀、一直播（见图1-1）。一个企业能在短短的两年时间内打造出三款爆品，其思维模式的创新性与系统性是毋庸置疑的，不管是对用户需求的把握，还是对极致体验的打造，都是非常值得其他企业学习的。

图1–1　一下科技

1.2 爆品标配：极致产品、口碑效应、低成本

什么样的产品才能称之为爆品？高销量？不，这只是最基本的条件。除此之外，爆品还有三个固定的标配，分别是“极致产品”“口碑效应”“低成本”。

1.2.1 标配一：极致的产品

一款产品之所以能成为爆品，它本身必须先是一款极致的产品。那么，什么是极致的产品呢？我们可以从以下两个方面去理解（见图1-2）。

图1–2 极致产品的两大方面

1.2.1.1 先有极致思维，才有极致产品

一款产品达到极致的前提条件是什么？不是设计技巧与设计方法有多完美，而是企业本身具备了极致的思维。大部分产品设计的准则、规则，企业都是知道的，但在设计产品时，很多时候都没有意识到如何把产品做到极致，或是不知道如何把产品设计的准则、规则运用到实际上。所以，如果一款产品要达到极致，就要先从理念上出发。

1.2.1.2 内容要全，还要精

企业如果只是把流程设计得比较完整，把内容都放上去，没有遗

漏，那么，这款产品只能被称为及格的产品，离爆品要求的极致产品还有很大的距离。极致的产品不仅流程要完整，元素要齐全，还需要做到简洁精致。如今是信息大爆炸的时代，用户会自动屏蔽复杂的信息，因此，企业在设计产品时，要在不影响使用操作的前提下尽可能地隐藏甚至删除不重要的信息，让用户觉得完成整个流程是没有负担的。

在用户操作的时候，及格的产品只是希望让用户可以一步一步地坚持完成任务，用户必须具备足够的耐心，但这一点恰好是大多数用户所缺乏的，所以及格的产品永远成为不了爆品。而极致的产品则能让用户在完成任务的过程中得到快乐，甚至让用户感到惊喜。而只有这样，这款产品才有成为爆品的可能。

就以微信支付为例，它属于极致的产品吗？答案肯定是毋庸置疑的。微信支付不止可以完成在线支付的任务，而且操作过程极其简单。扫一扫码，输入金额与密码就完成了操作。极致的简洁操作过程，让用户与商家的时间成本变得更少（见图1-3）。

图1-3　微信支付

1.2.2 标配二：口碑效应

口碑效应是指由于用户在消费过程中获得的满足感、荣誉感而形成对外逐步递增的口头宣传效应，用户满意并不仅仅是对产品的结果满意，更多地是对产品使用过程的挑剔。因此，只有充分满足了用户的需求，他们才会自觉自愿地为产品做口碑传播。企业需要明白一点，只有形成口碑效应的产品，最后才能成为爆品。

那么，一款产品如何形成口碑效应呢？首先，解决用户的需求，这是基本的条件；其次，极致的用户体验才是触发用户传播的关键点，体验做得越极致，就越能应对用户对产品使用过程的挑剔；最后，附加值则是决定用户进行口碑传播的最后一步，用户从你的产品中解决了痛点，得到了好的体验之外，如果还能获得附加值服务，那么其传播的意愿自然会加强。

美图秀秀为什么能成为爆品？原因就是因为它获得了口碑效应，当用户使用美图秀秀并在朋友圈分享照片时，有相同需求的用户看到图片时就自然会问“你这照片拍得这么好看，是怎么拍出来的啊？”那么，该用户自然会回答“用的是美图秀秀”，然后美图秀秀就得到了口碑传播（见图1-4）。

图1–4　美图秀秀的口碑传播

1.2.3　标配三：低成本

爆品的第三个标配就是低成本，其内容主要包括三点：一是产品本身的低成本；二是用户使用的低成本；三是传播分享的低成本。

我们可以这么来理解，一款产品如果需要较高的成本，那么其售价自然就高，高价格的产品一般很难形成高销量，毕竟不是所有产品都是苹果手机。用户使用的低成本就是指在使用该产品时，用户无需花费太多的时间成本。可以想象一下，如果完成一个产品的操作需要你花费十分钟，你还会玩吗？别说十分钟，恐怕是一分钟你也不愿意。产品一旦需要用户付出太多的时间成本，自然就无法形成口碑传播。传播分享的低成本则是指用户在传播过程中无需付出任何代价，现在很多产品都有一键分享功能，无需占用用户太多的时间，也无需让用户进行过多的操作，这就是低成本的分享。一款产品只有具备了这三个方面的低成本，才能成为真正的爆品。

1.3　三大挑战：倒闭、消费升级、流量

传统企业对于互联网时代的巨大改变，已经越来越无所适从，许多传统企业在互联网时代中步履蹒跚，甚至面临着生死危机。互联网给传统企业带来了三大挑战，如果无法解决这三个挑战，传统企业很可能会消失在商业历史的洪流里（见图1-5）。

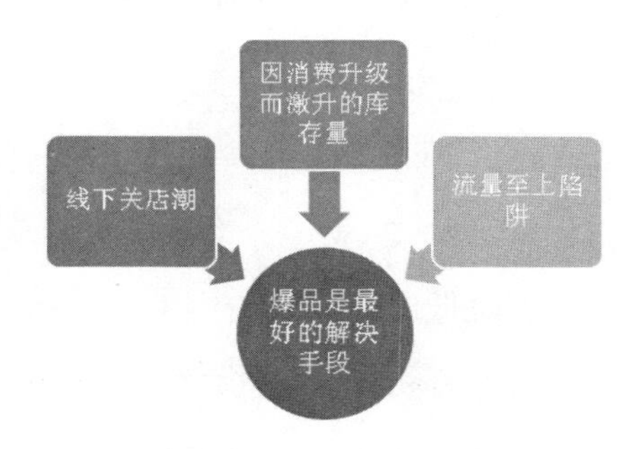

图1–5　爆品可以解决互联网带来的三大挑战

1.3.1　挑战一：线下关店潮

由于中国电子商务的蓬勃发展，线下实体店掀起了关门潮。经常可以看到实体店在清仓处理时打出了这样的标语“网购打击生意难

做”“微商疯狂，网购疯狂，客流被冲击”，甚至还有人直接写出了“马云我恨你”，电子商务确实给线下实体店带来了不小的冲击。数据显示，全国2862个县级城市均出现大规模的实体店铺关门现象，万达百货2015年关店46家（见图1-6），百盛在中国关闭了3家，PRADA在2014年到2015年关闭了16家，甚至连麦当劳与肯德基这种全球五百强企业也掀起了关门潮。

百度为您找到相关结果约2,100,000个　　搜索工具

万达百货持续关店 员工拉横幅称王健林太不懂事--房产--人民网

2015年7月20日 - 万达百货截止2015年全国共有门店90多家门店;记者从万达集团周一内部下发文件了解到,万达百货将关闭济南、唐山、江门、温州、沈阳以及湖北荆州等多个地区...
house.people.com.cn/n/... - 百度快照

王健林要出手了!万达将要关闭全国45家万达百货店 - 红商网

2015年7月13日 - 万达百货将于7月底撤柜调整。 在此之前据齐鲁晚报报道济南万达百货大面积撤柜,大部分鞋柜已经清空,并且全省10个万达广场的万达百货均会作出调整! "...
www.redsh.com/corp/201... - 百度快照 - 评价

万达百货出大事了全国各地都在关店 。大批店铺倒闭开始了,不要...

2015年7月12日 - 今年1月,有媒体报道,万达将对商业板块的业态做整体调整,将经营不佳的三四线城市的部分万达广场内的万达百货关闭,腾出空间来重新引入餐饮、体验式业态...
www.360doc.com/content... - 百度快照

万达百货关闭10家门店背后|万达百货|王健林_新浪财经_新浪网

■柏文喜/文 刚刚敲响上市钟的万达集团首日破发,1月6日又有网曝万达百货将关闭10家严重亏损的百货店,并压缩25家经营不善的百货楼层。据悉,拟关闭...
finance.sina.com.cn/ch... - 百度快照 - 289条评价

万达百货为何频频关店,到底怎么了?-搜狐

2015年7月23日 - 继退出KTV领域后,一场大刀阔斧的关店行动正在万达百货进行。近日,国内百货行业领头羊万达百货被爆大规模关店,此次关店规模将大大超过今年初的10家...
mt.sohu.com/20150723/n... - 百度快照

"万达关店"究竟是怎么回事? 为什么要大规模关店_新闻中心_赢商网

2015年11月25日 - 2015年7月中旬,万达集团董事长王健林在董事会上表示,"要关掉国内一半的

图1–6　关于“万达关闭潮”的报道

1.3.2　挑战二：因消费升级而激升的库存量

随着人们的生活水平的提高、消费观念的转变，对产品的选择从以往的“性价比”转变为现在的“自我认同”，个性化产品越来越受到用户的喜欢。越来越多的个性化产品对消费品市场造成了直接影响。因

为市场容量有限，导致产品过剩，库存积压的情况越来越严重。许多企业选择了低价出售产品，却进入了一种恶性循环的状态。一但有企业点燃价格战的导火索，价格大战就会一发不可收拾，导致库存产品越积越多。你低，其他企业就更低，用户都在抢低价产品，新出产品的销售势必受到影响，而新产品又成为了库存产品。

1.3.3 挑战三：流量至上陷阱

互联网的出现导致许多企业“唯流量论”，因此，商业贩售数据流量事件屡见不鲜。在众多数据泡沫的背后，夹杂着利益的冲动以及面子的作用。许多相关人士表示，流量作弊的现象确实存在，这已成为现代商业普遍存在的潜规则。我们去搜索“流量买卖”等关键词，就可以发现不少相关交易网站与软件。造假环节可以充斥整个产品流程，如在预装上造假，在激活上造假，在活跃度上造假，在购买量与评论量上造假……

流量造假的目的是什么？无非就是两种：一是为了获得融资，投资人看的就是这些东西，比如下载的数量、周活跃量、月活跃量；二是为了获取用户的信任，用户相信这些高流量，某些商家就用假流量来获取信任，以达到争取市场中更好的竞争地位的目的。

1.3.4 爆品是最好的解决手段

如何避免自己的实体店“被关闭”？如何消除自己的库存？如何不让自己陷入“流量至上”的陷阱？打造爆品就是最好的解决手段。企业需要打造一款口碑产品，一款一年能卖十几个亿的产品。

为什么这么说？我们可以这么理解。爆品代表着高销量，如果你的产品像苹果手机一样，能卖好几百亿，你的实体店面必然也能像苹果实体店一样，每天都有人排队等着购买。有了销量就等于有了利润，有了利润，那你的店还需要关闭吗？爆品既然代表着高销量，那么就更无需担心库存的问题。爆品带来了销量也就等于带来了流量，有了流量企业还需要作假吗？不需要了吧。除此之外，爆品带来的流量还能带动企业其他产品的销售。这就是我们为什么说爆品是解决以上三大问题的最好手段。

1.4　别踏进爆品打造的这些坑

我们不能说爆品是万能的，但是爆品确实可以帮助企业解决很多问题。可是很多企业在打造爆品的过程中都失败了，成功者少之又少。这是为何？原因很简单，就是企业没有注意到打造爆品过程中的陷阱（见图1-7）。

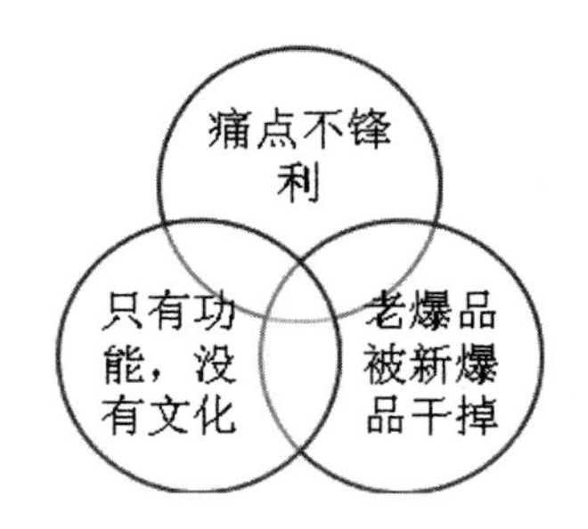

图1-7　打造爆品的三大陷阱

1.4.1 陷阱一：痛点不锋利

如何理解痛点不够锋利？我们先从一个失败的案例来了解。某产品的定位是“一小时快送图书”，这个产品于2010年推出市场，但很快就消失在电商江湖中。失败的原因很简单，就是定位不够锋利和清晰，无法戳到用户的痛点。

企业在打造爆品时需要明白一点，光寻找痛点还不够，还需要确认这个痛点是否是最锋利的，是用户最痛的痛点。“一小时快送”是个痛点，但却不是最痛的痛点，特别是在图书市场上，“一小时快送”并不是一级痛点。人们不像叫外卖一样，因为肚子饿需要一小时就送到，“品类全、打折多”才是图书市场最锋利的痛点。因此，很不幸地，该产品不但成为不了爆品，还被当当与京东所秒杀，消失在图书行业中。

什么是锋利？就是把单点做到极致，先大刀阔斧地做减法，甚至只做一个点，然后把这个点做到可以挑战你最大的竞争对手。痛点不够锋利，是打造爆品的第一个陷阱。

秒拍之所以能在短时间内就成为爆品，就是因为它寻找的痛点足够锋利（见图1-8）。秒拍是一下科技在2013年联合微博推出的一款短视频分享应用。推出背景是微博处于转型瓶颈期，单纯图文已经很难激发用户的参与热情。同时，互联网已发展为移动互联网，手机已成为用户最常用的移动工具，但是手机的视频流量费太高，因此“看视频耗流量”就成为了用户的一级痛点。

秒拍正是抓住了用户的这个痛点，用10秒的时长解决了用户流量压力的同时，还为微博提供了图文之外的多媒体内容，提高了用户的参与热情（见图1-9）。因此，在一下科技与微博的助力下，秒拍在短时间内就成为移动互联网的爆品，赢得了用户的认可。截至2016年8月，秒拍的日均视频上传量已达到150万，日播放量超过17亿次，入驻秒拍的新闻机构与自媒体超过1万家。

图1-8　秒拍　　　　图1-9　秒拍与微博的合作

1.4.2　陷阱二：老爆品被新爆品干掉

在做爆品的路上，企业面对的最大挑战就是老的爆品被新的爆品干掉。爆品最大的敌人就是行业的“质变”，那些革命性的爆品都是来自于行业的“质变”。这种质变不止是围绕技术而生，更是围绕用户发生。是用户选择了这种质变，就像苹果干掉了诺基亚，不止是因为智能时代的到来，更是因为用户选择了能给自己带来更好体验的苹果。在质变的过程中，有几种质变是最可怕的（见图1-10）。

基于交互界面的质变

•如手游的多点触控就是对传统体验游戏的一次质变

基于商业模式的质变

•比如小米之于传统手机。传统手机是赚硬件的钱，小米则是把硬件当软件做，赚软件的钱

交易方式的质变

•比如滴滴之于传统出租车，传统的交易方式完全被颠覆

图1-10　主要的三种质变类型

人人网就是属于“老的爆品被新的爆品干掉”的典型例子。人人网曾是PC时代的一款爆品，深受学生群体的喜爱，甚至被称为中国版的Facebook。但随着微博、微信这两个新爆品的出现，人人网的用户大规模流失，人人网的红人基本上都转为微博红人与自媒体红人（见图1-11）。

图1–11　人人网

1.4.3　陷阱三：只有功能，没有文化

一款产品之所能成为爆品，绝不仅仅是功能的极致，还包括文化。只有赋予产品某种价值文化，并让这种价值文化得到用户的认同，产品才能够成为爆品。

研究证明，用户消费行为的象征性体现在消费的价值观上，反映出用户对于当前文化、时尚等社会象征意义的理解；用户购买的产品反映了他们的价值观、人生目标、生活方式、社会地位等。

就像是用户使用哔哩哔哩是为了“二次元”文化，用户喜欢小咖秀是为了“娱乐文化”。从这个角度出发，产品只有被赋予了某种价值、某种文化，才能给消费观念转变的现代用户们一个适用或购买的理由。

1.5　流量变现，不能卖一个赔一个

打造爆款的主要目的是获取流量，但是获取流量是一方面，能不能将流量变现又是另外一个方面了。企业如果不能将流量变现，那么这个爆品就是废品，而且还可能影响企业的经营。

我们以APP爆款为例，来看看移动产品是如何实现盈利的（见图1-12）。

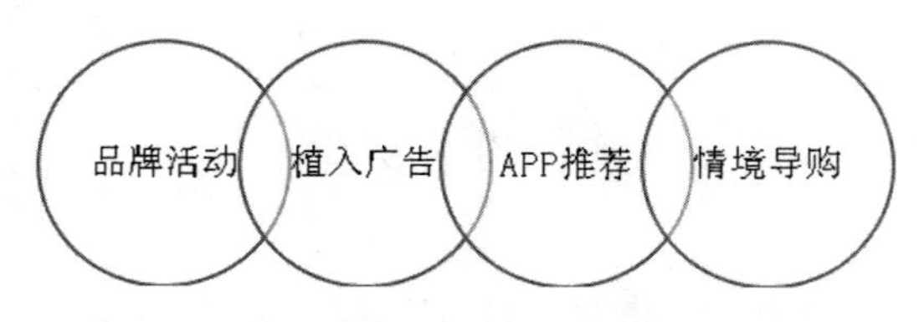

图1–12　APP产品的四大流量变现方式

1.5.1　品牌活动

品牌活动是传统PC广告形式的延续，是传统的BANNER广告，也是移动产品目前最主要的一种广告形式。这种变现形式的优点是可以选择与受众喜欢的品牌合作，从而降低用户对广告的抵触心理；其缺点是用户习惯性地忽略此类广告，甚至因广告太多而对产品产生厌恶心理。例如大姨妈与唯品会的用户群重合度比较高，因此，大姨妈如何选择与唯品会进行广告合作，极大地减少用户的厌恶感至关重要。

1.5.2　植入广告

植入广告是外部品牌与移动产品深入定制、适度露出的一种创新广告形式。因为其广告的属性不明显，用户的反感度不会那么高，而且容易带来口碑传播。墨迹天气就曾与阿迪达斯合作，效果非常不错。墨迹天气中的天气助手就是为阿迪达斯精心设计的卡通人物。

1.5.3　APP推荐

APP成为爆品后，已积累了巨大的用户量与黏度，那么这个APP就可以尝试应用开发这一商业模式。精心选择用户社群相近的其他APP，将之推荐给自己的用户。例如大姨妈给用户推荐妈妈帮与爱丁医生。这样做，用户只会把这当做产品方给自己增加的福利，而不会将之作为一种广告来对待。

1.5.4　情境导购

针对某个APP的真实适用情境设计的广告形式，用户的接收程度非常高，在恰当的场景中让用户自然地关注广告信息，并转化为购买行为。例如高德地图就采用了这种广告形式，用户在查看周边景点时，无意中看到某些感兴趣的景点门票有打折，很可能就顺手买了，或是饿了开导航找餐厅，发现有团购，就会使用团购票去吃饭。

每个行业的爆款产品，甚至是每个爆款产品都有属于自己的流量变现形式。要记住，用什么形式来变现不重要，重要的是这些流量能变现。

第2章　有了它，产品才能成为绝杀爆品

产品与爆品是两个完全不同的概念，爆品是在产品的基础上形成的，并不是所有的产品都能成为爆品。只有具备了以下前置条件的产品，才有成为爆品的可能。譬如是否是刚需产品，是否解决了用户的痛点，是否属于高频，是否具备了社交性质……

2.1 不是所有的产品都能成为爆品

从苹果、小米开始，互联网方法论被推上神坛，各种各样的专业词汇开始出现，而“爆品”就是其中之一。有不少专业人士认为：“进入互联网，爆品切入是第一步，只有聚焦单品，才能围绕一个品类进行充足的资源匹配与环绕型创新。”可是，企业们也要认识到一点，并非每颗种子都能开花结果。同理，也不是每个产品都能成为爆品。所以，在倾尽资源打造一个爆品前，一定要想清楚什么样的产品才能成为爆品。

2.1.1 高销量产品不一定就是爆品

爆品一定是高销量的产品，但并不是所有高销量的产品都能称之为爆品。我们经常可以在一些电商网站上看到某些产品的销量非常高，动辄就是几万、几十万的销量。对于这种高销量的产品，我们就可以将之称为爆品了吗？需要多方考虑才能给出确定的答案，因为这个销量是由多种因素造成的，甚至不一定真实。很多电商卖家喜欢用低价来吸引用户，一旦低价消失，销量就直线下降。那么，这样我们就能将该产品称为爆品吗？肯定不能。

例如图2-1中的这件产品，销量高达14568件，那么这件产品就是爆品吗？肯定不是。因为除了销量之外，这件产品并没有给卖家带来其他价值。评价只有2671条，口碑与销量不成正比，没有带动店内其他产品的销量，更没有提高店内的各种信用评价。没有好体验，没有好口碑，没有战略意义，所以这件产品只能称为高销量产品，不能称为爆品。

图2-1　某电商卖家的高销量产品

只有拥有极致的体验，被用户广为称赞，同时还在企业的战略规划中占据了核心位置的产品，才能被称为爆品，单纯用高销量是无法判定这个产品就是爆品的。

2.1.2　低价格产品不一定就能成为爆品

有人说爆品一定是低价格的，这可不一定。苹果手机低价吗？绝对不是，甚至可以算得上行业顶尖了，但它却被奉为爆品的典型代表。由此可以看出，爆品不一定就是低价格，低价格的产品也不一定就能成为爆品。

也许有人会拿小米手机举例，但是别忘了，小米打的概念从来不是“低价”，而是“高性价比”，低价与高性价比是完全不同的概念。那么，我们就从小米手机入手，看看低价格产品和高性价比产品的不同点，判断哪一种产品更有成为爆品的可能。

小米手机几乎每推出一款产品，就能引爆一款产品。那么，它的产品到底有哪些特别之处呢？首先，我们先来看看它的价格。小米手机的价格从几百到几千元不等，不一定都是低价格，所以说小米手机是低价手机，这一点并不成立。其次，我们看小米手机的性能，可以说小米的每款手机在同等价格的同类手机之中，绝对能排入前列。比如小米Note2（见图2-2），其售价为64GB为2799元，128GB为3299元。图中显示的各种性能和配置，在同类手机中绝对不止这个价格。最后，我们看看小米手机的口碑（见图2-3），在搜狗搜索这个问题的答案中，有86%的用户认为小米手机非常不错，性价比特别高。

图2–2　小米Note2

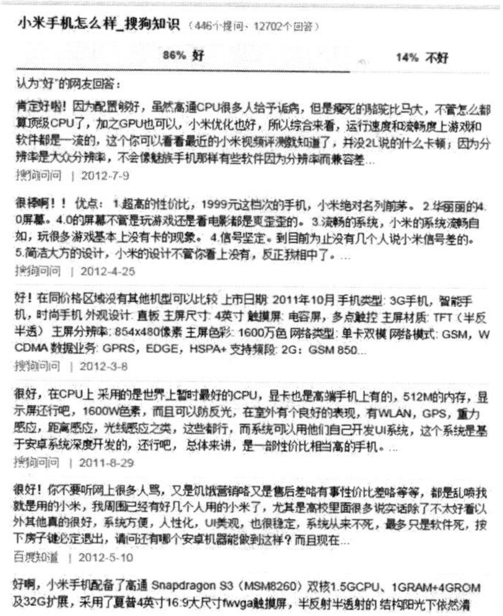

小米手机怎么样_搜狗知识（446个提问、12702个回答）

86% 好　　14% 不好

认为"好"的网友回答：

肯定好啦！因为配置够好，虽然高通CPU很多人给予诟病，但是瘦死的骆驼比马大，不管怎么都算顶级CPU了，加之GPU也可以，小米优化也好，所以综合来看，运行速度和流畅度上游戏和软件都是一流的，这个你可以看看最近的小米视频评测就知道了，并没2L说的什么卡顿；因为分辨率是大众分辨率，不会像魅族手机那样有些软件因为分辨率而兼容差...

搜狗问问 | 2012-7-9

很棒啊！！优点：1.超高的性价比，1999元这档次的手机，小米绝对名列前茅。2.华丽丽的4.0屏幕。4.0的屏幕不管是玩游戏还是看电影都是爽歪歪的。3.流畅的系统，小米的系统流畅自如，玩很多游戏基本上没有卡的现象。4.信号坚定。到目前为止没有几个人说小米信号差的。5.简洁大方的设计，小米的设计不管你看上没有，反正我相中了。...

搜狗问问 | 2012-4-25

好！在同价格区域没有其他机型可以比较 上市日期 2011年10月 手机类型：3G手机，智能手机，时尚手机 外观设计：直板 主屏尺寸：4英寸 触摸屏：电容屏，多点触控 主屏材质：TFT（半反半透） 主屏分辨率：854x480像素 主屏色彩：1600万色 网络类型：单卡双模 网络模式：GSM，WCDMA 数据业务：GPRS，EDGE，HSPA+ 支持频段：2G：GSM 850...

搜狗问问 | 2012-3-8

很好，在CPU上 采用的是世界上暂时最好的CPU，显卡也是高端手机上有的，512M的内存，显示屏还行吧，1600W色素，而且可以防反光，在室外有个良好的表现，有WLAN，GPS，重力感应，距离感应，光线感应之类，这些都行，而系统可以用他们自己开发UI系统，这个系统是基于安卓系统深度开发的，还行吧，总体来讲，是一部性价比相当高的手机。...

搜狗问问 | 2011-8-29

很好！你不要听网上很多人骂，又是饥饿营销咯又是售后差咯有事性价比差咯等等，都是乱喷我就是用的小米，我周围已经有好几个人用的小米了，尤其是高校里面很多说实话除了不太好看以外其他真的很好，系统方便，人性化，UI美观，也很稳定，系统从来不死，最多只是软件死，按下房子键必定退出，请问还有哪个安卓机器能做到这样？而且现在...

百度知道 | 2012-5-10

好啊，小米手机配备了高通 Snapdragon S3（MSM8260）双核1.5GCPU、1GRAM+4GROM及32G扩展，采用了夏普4英寸16:9大尺寸fwvga触摸屏，半反射半透射的 结构阳光下依然清

图2–3　用户对小米手机的评价

从小米的案例中我们可以得出以下几个结论：一是爆品并不都是低价格；二是低价格的爆品同时也配置了高出价格的体验；三是低价确实让用户感受到了实惠，让用户感觉这个价钱买这款产品非常值。

2.1.3　新概念产品不一定就能成为爆品

很多企业认为，我的产品是一个新的概念，在市场上从来没有出现过，所以这款产品一定就能成为爆品。事实真是如此吗？答案显然又是否定的。

例如格力集团推出的一款“格力手机”，打的就是“三年不用换手机”。这在手机行业内绝对是个新概念，即使是曾经的手机龙头，一直以质量著称的诺基亚也未曾敢说这句话。

因为，这代表着不仅仅要质量过硬，还要在功能上能跟得上未来三

年的发展。但是，无论是哪家企业都无法准确预测出未来三年手机行业的发展变化。如今的科学技术在高速发展，今天出现一个新功能，明天又出现一个新功能，而用户对于新功能产品的热情显然大于手机本身的质量。只要出现一款符合其需要的新手机，用户才不会管手机坏没坏，马上就将之淘汰，换上新手机。

所以说，格力的“三年不换手机”这个概念是缺乏现实性的，更不符合用户的消费行为。而事实也证明了这个新概念并没有让格力手机成为爆品（见图2-4）。

格力工资涨1000元要全员购自家手机？回应：曲解

环球网 2小时前
当然我讲的不是销量第一，但起码我对消费者的承诺，我的品质，我可以讲第一！之后她激动地说：我今天可以说格力的手机在两米空中摔下去不会坏，你敢摔... >>8条相同新闻

格力手机预计销量和现实差1000倍：撕出来的人气不一定是好事

中国投资咨询网 2016-02-01 10:20
不太入流的品质直接让格力在手机市场吃了闭门羹，最终销量只有5-6万台，要知道这还是在经销商报销的情况下实现的，可能这个数字对于格力而言是可以接受... >>7条相同新闻

格力手机：与预期销量相差2000倍,董小姐毫不动摇志在物联网

微信 2016-12-27 21:20
不过对于这款售价1599元的手机，网友看热闹的多，真正想买的少。8月底被炒得沸沸扬扬的格力手机终于面向公众开售，然而销量寥寥。最终公开的成绩单显示...

格力手机月销量12台：小米和诺基亚同时笑了

搜狐公众平台 2016-10-31 20:37
很多人似乎忘了一款手机，那就是格力手机。说起格力手机，不得不说，这的确是一个传奇！这个传奇在于，这款手机有很大知名度，但是很多人却买不到！也...

图2-4　关于格力手机销量的新闻

2.2　刚需：我就是非你不可

一款产品要成为爆品，首要条件就是能解决用户的刚需问题，让用户非你不可或是缺了你不行。随着生活水平的提高，消费观念的转变，用户的刚需越来越难以发掘。因此，企业需要为此做更多的工作，付出更多的精力、时间和成本。但是只要抓住了用户的刚需，并将之反映到产品上，那么你的产品就具备了爆品的第一个基本要素，离爆品也就越来越近了。

2.2.1 刚需产品的定义

什么是刚需产品？是指满足用户基础生存，并不可替代的行业与产品。直白地说就是“吃、穿、住、行”。这些生活中的必需品，不会因为价格的变动而让用户的消费变多或变少。刚需产品在生活中是随处可见的，且非常容易让用户形成消费习惯，同时还能在短时间内形成一定规模的粉丝群。比如苹果7的售价是6188元，预售当天（9月9日），其黑色款的发货日期已经排到了10月份之后。也就是说，随着收入的不断增加，人们的消费习惯也在不断地变化，价格已不再是用户选择产品的重要考虑因素。但同时，淘宝的2016年双十一的销售额为1207亿，海尔、杰克琼斯、阿迪达斯等品牌名列前茅。这也证明了，虽然人们的消费习惯发生了变化，但是日常生活的必需品消费依然不变。

从苹果和天猫的两个数据我们可以得出两个结论（见图2-5），技术升级会促进一部分用户的消费，但也存在着一定的风险，因为技术更新的速度与不确定使其贬褒不一。苹果7取消耳机接口被不少用户吐槽，但OPPO手机的快充功能又让其打了一个漂亮的翻身战。可是，如果是刚需产品，就不会存在这个问题，因为稳定性就是刚需产品的优点之一。

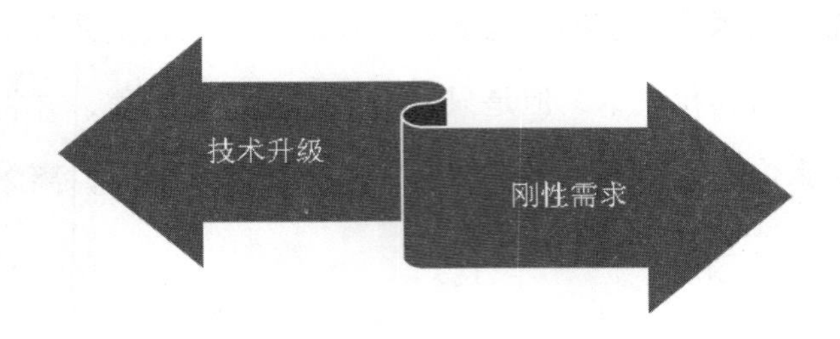

图2-5　从苹果与天猫数据中获得的两个结论

2.2.2　刚需产品两大优势

具备刚需特质的产品可以获得两种优势，这两种优势可以让产品离爆品更近一步（见图2-6）。

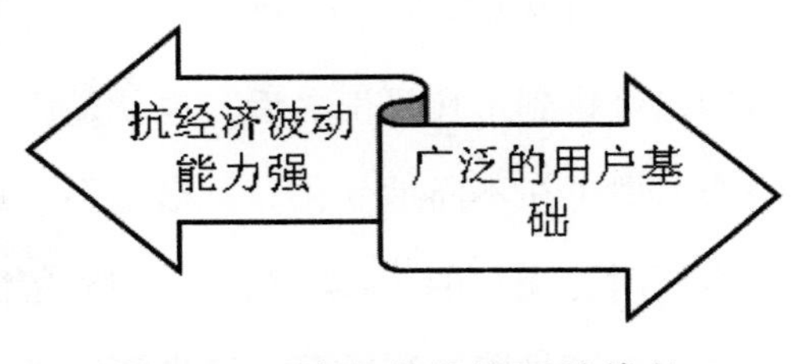

图2-6　刚需产品的两种优势

2.2.2.1　抗经济波动能力强

衣食住行行业的消费量不会因为经济形势的变化而产生巨大的变化，刚需行业的抗经济波动能力是非常强的。比如说服装行业，即使经济变得再差，人们还是要穿衣服，也许会减少购买的次数，但是基本的服装消费还是需要的。这一点，对于电商行业的产品来说是极为有利的。因为用户需要，电商产品就能永远存在，而且“爆品=高性价比”的特质，反而能让其在经济低谷时更受青睐。

2.2.2.2　广泛的用户基础

刚需产品有着极为广泛的用户基础，既然是刚需，就代表着大部分的用户都会使用。而且现在正处于消费升级与用户社群的环境，刚需产品拥有的庞大的潜在用户群体，可以让产品产生爆发式增长，更快地实现爆品的目标。

比如手机，手机是人人都必须要用的刚需产品。2016年，单是中国的手机用户群体就达到了13.04亿，这么庞大的用户量，可以建立无数个产品社群。小米手机、苹果手机、魅族手机等各大手机产品都有自己的用户群，且数量非常庞大。这些手机品牌之所以成为爆品，与它们的用户群不无关系。

2.2.3　用户的刚需在哪里

每一个产品都有刚需点，时代的发展也会带来新的刚需。那么，企业要如何抓住自己的产品刚需，又如何发现新的刚需，从而让自己的产品不断满足用户产生的新刚需呢？我们可以通过“移动阅读”这个新刚需来了解一下。

随着智能手机的普及，移动阅读成为了用户的一个新刚需。许多企业都看准了这一刚需的庞大市场，摩拳擦掌准备分一杯羹。于是，各种移动阅读APP汹涌而出。可是，成为爆品者却少之又少。为什么会导致这种结果？因为，这些企业谈创新、谈颠覆、谈各种各样的互联网新名词，但除了堆砌这些概念，产品却未能解决用户的刚需问题。移动阅读是随着移动互联网而出现的一个新的刚需，它的刚需也明显地带有移动互联网的特性（见图2-7）。

图2–7　移动阅读的三大刚需

2.2.3.1　聚合化：精准+集中

移动互联网时代，内容大爆炸，每天都会产生海量的内容，但用户作为一个信息传播的节点，又有阅读的需要（需要注意这些内容是碎片化的）。因此，企业要解决的只是用户最基本的需求，用户只想从海量的信息中获取自己想要的内容，也就是说，内容的“精准+集中”是他们的一个刚需。

微博之所以成为爆品，显然就是抓住了用户的这个刚需特点。微博每天产生的信息是海量的，热搜榜分分钟更新。那么，用户如何从微博的海量信息中获取自己想要的信息呢？微博为用户设置了一个关键词搜索。

这一点在明星和名人上体现得更为明显，许多追星的用户都会关注微博，但是他们又不想看到过多与喜欢的明星无关的信息，而微博的“超级话题”彻底解决了用户的这个需求，只要关注明星话题，就能精准、集中地获取到喜欢的明星的相关信息（见图2-8）。

图2–8　微博的“超级话题”

2.2.3.2　社交化：互动+及时

用户在阅读的同时，还产生了一种社交分享的刚需。比如，我们看到一篇好文章和资讯时，第一反应就想分享到朋友圈。之所以会产生这样的心理，是因为我们期望被认同，希望被“点赞”。

这一点，国内的移动阅读应用都做得非常不错。微博也是如此，比如用户在微博上看到一个认为非常不错的视频或者文章，就可以立刻通过转发分享到自己的微博朋友圈，也可以分享到微信、QQ的朋友圈，让朋友阅读、评论和点赞（见图2-9）。

图2-9　被分享到微信朋友圈的微博文章

2.2.3.3　个性化：人性+差异

不管在哪个时代，用户最本质的阅读需求就是个性化。那么什么是个性化呢？就是你的产品既能恰当地迎合基本的人性需求，又能满足用户不同的阅读兴趣。纸媒被淘汰的的原因，就是因为它无法给读者提供个性化的阅读体验。

这一点，今日头条非常值得各大企业学习。今日头条在2014年推出后，只用了三年时间就成为了爆品，这与它成功地抓住了用户个性化刚需不无关系。

今日头条设置了关键词订阅功能，用户只要设置了关键词，那么每次打开今日头条，最先呈现在用户眼前的都是与关键词有关的信息。而且今日头条有一个非常独特的算法，当用户的其他产品的ID接入今日头条后，它的系统后台就会对用户的兴趣做出分析，建立初始的NDA数据，然后再通过用户日后在今日头条的浏览行为，根据其兴趣权重来进行推荐（见图2-10）。

图2-10　今日头条的个性化推荐

2.2.4　利用数据寻找刚需

刚需就存在于我们的日常生活中，随处可见，但是这些显而易见的刚需基本上都被满足了。企业如果要打造刚需产品，那么就必须进行更深入地挖掘，而大数据是最快、最准确的方法。那么，企业如何通过大数据来挖掘潜在的刚需呢？

2.2.4.1 多渠道收集数据

数据收集的办法一般有四种（见图2-11）。

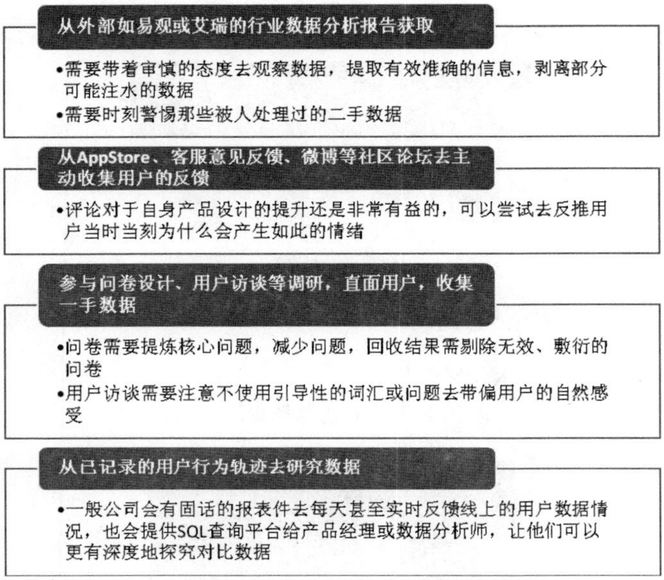

从外部如易观或艾瑞的行业数据分析报告获取
•需要带着审慎的态度去观察数据，提取有效准确的信息，剥离部分可能注水的数据
•需要时刻警惕那些被人处理过的二手数据
从AppStore、客服意见反馈、微博等社区论坛去主动收集用户的反馈
•评论对于自身产品设计的提升还是非常有益的，可以尝试去反推用户当时当刻为什么会产生如此的情绪
参与问卷设计、用户访谈等调研，直面用户，收集一手数据
•问卷需要提炼核心问题，减少问题，回收结果需剔除无效、敷衍的问卷
•用户访谈需要注意不使用引导性的词汇或问题去带偏用户的自然感受
从已记录的用户行为轨迹去研究数据
•一般公司会有固话的报表件去每天甚至实时反馈线上的用户数据情况，也会提供SQL查询平台给产品经理或数据分析师，让他们可以更有深度地探究对比数据

图2-11　收集数据的四种方法

2.2.4.2 有效剔除干扰性数据

企业能收集到的数据都是非常庞大的，如要进行有效分析，就必须剔除大量的干扰性数据，企业可以采取以下几种方法进行（见图2-12）。

选择正确的样本数量，选取足够大的数据，剔除极端或者偶然性数据的影响
制订相同的抽样规则，减少分析结论的偏差性
剔除版本或节假日因素的干扰
对历史数据遗忘

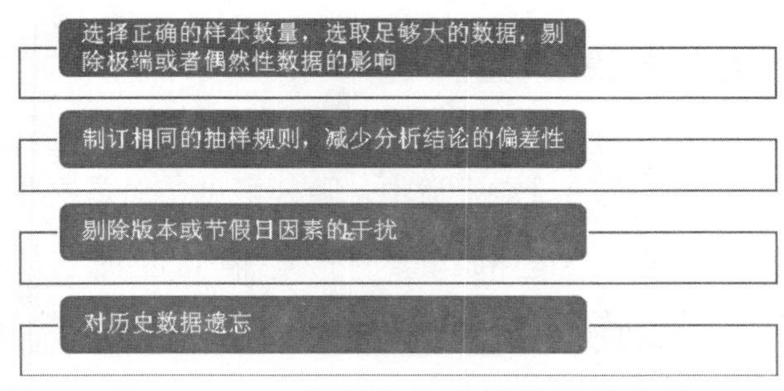

图2-12　四种剔除干扰性数据的方法

2.2.4.3　合理客观地审视数据

在进行数据分析时，企业要合理客观地审视数据，只有这样才能得到最正确的刚需数据。

企业在听到部分用户的需求时就马上设计产品，花费大量的时间开发相应的功能，但最后，这个产品只能满足少部分人的需要，而大部分的用户的刚需并没有得到满足。忽略沉默用户，没有全盘考虑产品大部分目标用户的刚性需求，可能造成人力物力的浪费，更甚者让本来有可能成为爆品的产品失去了成为爆品的机会。

如果分析的结果与企业的经验认知有明显的偏差，先不要盲目下结论质疑自己的经验，可以再次对数据进行更透彻的分析。对结果进行再一次的论证，如果结果与第一次结果还是相同，那么就根据数据结果走；反之，就找出不同的地方，然后再一次进行数据论证。

2.3　痛点：隔靴搔痒，让产品变废品

一款产品如果无法真正地解决用户痛点，只是“隔靴搔痒”，别说把产品变成爆品，还可能让产品直接变废品。也许有人会疑惑“产品能不能解决用户的痛点真的有这么重要吗？”当然！一款无法解决用户痛点的产品，用户为什么要去买它？就像是你口渴了，你会去购买解决口渴的水，而不是去买让人越喝越渴的酒。产品一旦没有人购买，那与废品有什么区别?

2.3.1 建立用户角色模型

如何让你的产品具备解决用户痛点的功能？其前提条件是先找到用户的痛点。那么，我们如何才能找到用户的痛点呢？可通过建立用户角色模型来完成。

用户角色模型是指针对目标群体真实特征的勾勒，是真实用户的综合原型。对产品使用者的目标、行为、观点等进行研究，将这些要素综合起来，成为一组对典型产品使用者的描述，最后从描述中分析出用户的痛点（见图2-14）。

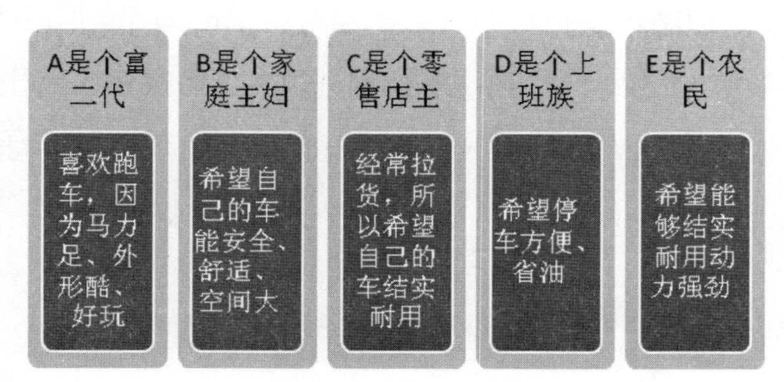

图2-14 用户模型

在建立用户角色模型，寻找用户痛点的过程中，企业需要注意以下两个问题。

2.3.1.1 用户角色不是用户细分

用户角色与用户细分有着本质上的差别，用户细分是市场研究中常用的方法，是在人口统计特征和消费心理的基础上，对用户购买产品的行为进行分析。用户角色则更关注用户如何看待产品、如何使用产品、如何与产品互动、在使用产品的过程中存在着哪些痛点需要解决，或者是产品彻底解决用户痛点了吗？用户角色关注用户的目标、行为与观点，以此来更深入地解读用户需求，发现他们的痛点以及不同用户群体之间的痛点差异。

2.3.1.2　用户角色不是平均用户

某个用户角色的痛点就能代表大比例用户的痛点吗？答案显然是否定的。我们可以这么理解。首先，在每一个产品决策问题中，“多大比例”的前置条件是不一样的。是“好友数大于20的用户”还是“从不点击广告的用户”？不一样的前置条件，需要不一样的数据支持。所以，用户角色并不是“平均用户”。企业在寻找痛点时，需要关注的是“典型用户”。创建用户角色模型的目的，并不是为了得到一组能够精确达标多少比例用户的定性数据，而是通过关注、研究用户的目标与行为模式，帮助企业识别、聚焦于目标用户群，帮助企业从目标用户群中挖掘到痛点。

2.3.2　分清“假痛”与“真痛”

企业在设计产品之前，总会习惯性地去搜集素材并分析“用户痛点”。不少企业的产品设计方案里，最前面几页都会列出“用户痛点”。然而，这些“痛点”是真是假，企业并不能确认。因此导致了产品推出市场后被用户冷待。那么，到底什么是“用户痛点”？什么样的点才能让用户真正地“痛”着?

2.3.2.1　痛点要让我有高感知频率

“痛点”要有高感知频率，也就是说“能在日常生活中经常感受到的”。考虑痛点和用户生活情境的黏性，这个痛点是否每天都能被用户所处的情境诱发出来。判断痛点是否有效的一个关键因素是“它被激活的频率”。

比如一个与孕妇有关的产品，通常我们合理地认为，对于孕妇而言，最痛的痛点是分娩的时候，赞美母亲时也大都从这个角度出发。但这真是妈妈的痛点吗？是痛点，但不是高频的痛点。因为生孩子的次数是有限的。

孕妇最痛的痛点是体现在日常生活的变化中，比如“怀孕后变胖、只能穿平底鞋、不能化妆……”，这些都是女性怀孕九个月每天都要面对的。每天都会被诱发出来的痛点就属于高频痛点。

惠氏的一款孕妇奶粉广告显然就抓住了孕妇的这个痛点，它的宣传文案是这样的：“敢于脱下高跟鞋，敢于变成水桶腰，敢于对老板说不，敢于负重10公斤，敢于裸妆出门，敢于做个女王，敢于一辈子被你拴住，你有多勇敢，就有多幸福。”（见图2-15）。

图2-15　惠氏孕妇奶粉广告

2.3.2.2　痛点要和用户有很强的因果关系

前文说到痛点要有高感知频率，那么，我们可以判断以下这个例子是否找到了用户痛点。

比如说向一名爱美的女性宣传吸烟有害健康，即使把危害说到极致，比如会得肺癌、食道癌等，她对此都不会有什么强烈的感觉，因为这个感觉和她有着很远的距离，与她没有很强的因果关系，因为“吸烟也不一定都得肺癌，我为什么要对不确定性的东西产生恐惧感？”。但是，如果把这重点放在吸烟会让她的皮肤毛孔变粗大、肤色变暗、牙齿变黑……她的态度马上就会发生转变。因为这是她明显能感觉到的，与她有直接的关系。因为她确实感觉到了吸烟后自己的牙齿变黑了，皮肤状态也不是很好。这对于一名爱美的女性来说，这种恐惧是非常直接的。吸烟会破坏美丽，就能直接戳中她的痛点。

2.3.3　痛点就是要直戳人心

什么样的痛点才是真正的痛点？很简单，就是要直戳人心。这恐怕是企业最头痛的地方。这四个字看起来简单，执行起来却非常困难。那么，如何判断痛点能否直戳人心呢？企业需要从三个层面分别考虑（见图2-16）。

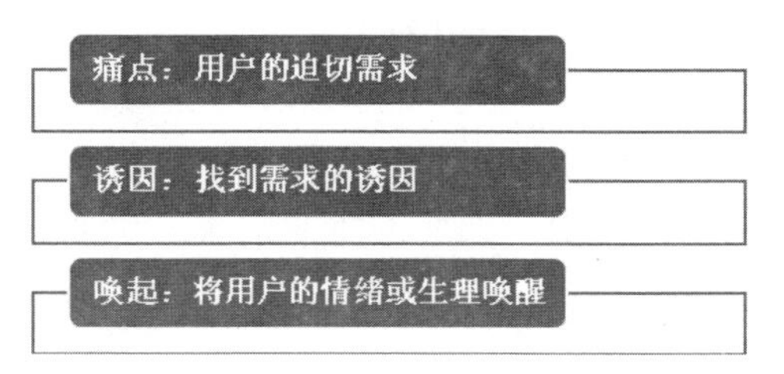

图2–16　判断痛点是否直戳人心的三大因素

2.3.3.1 痛点：用户的迫切需求

什么是用户的迫切需求？需求就是“理想太丰满，现实太骨感”，是“想得美”。直白地说就是“没有被实现的目标”。企业在设计产品时，要注意并不是所有的需求都是痛点，要把所有的需求都要列入到产品设计中去。企业可以按照需求的迫切程度来寻找痛点。以此可以分为以下五种类型（见图2-17）。

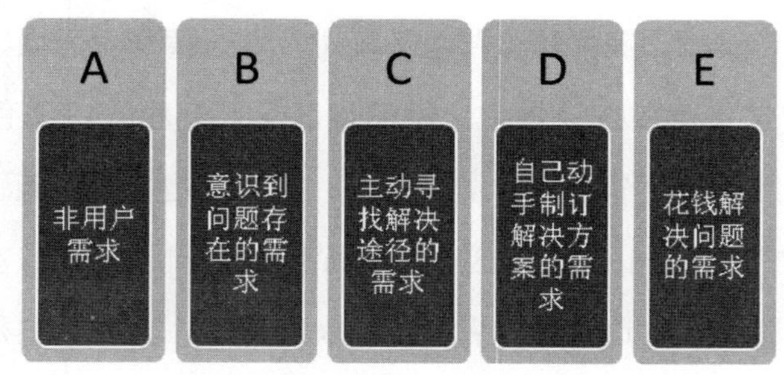

图2–17　需求的五个分类

CDE这三类需求是用户的迫切需求，其重要性可以按照等级逐级递增，也就是说E才是最佳用户最迫切的需求，才是用户最痛的痛点。需要注意两点：一是不同的用户，在不同的阶段，其痛点是不同的；二是这个痛点本身不被主流接受，没有很广泛的解决办法。只有具备了这两点，产品才有可能引起更多用户的关注，反之，就很难引起广泛关注，产品也就很难成为爆品了。

2.3.3.2 诱因：找到需求的诱因

诱因，通俗来说就是“使用场景”。考虑使用场景时，可以从两种情况出发：一是能否找出用户长期发生的情境，比如上班族每天都要喝咖啡和订外卖；二是在特殊的日子里使用特殊场景作为营销的诱因。很多产品在特殊节日受到的关注会比其他时间段强，譬如双十一，用户对于电商的关注。合理利用情景作为营销诱因，可促使用户更多地关注、谈论该产品，从而让产品更快地成为爆品。

2.3.3.3　唤起：将用户的情绪或生理唤醒

把某些具有唤醒作用的元素放入到产品的营销推广中，能更有效地激起用户的共享意愿，从而达成爆品的目的。唤醒元素包括情绪及生理两个方面。

（1）情绪唤起。积极的情绪与消极的情绪都具备唤醒作用。例如2015年刷爆朋友圈的“ADOBE的白金蓝黑裙”，它之所以能成为爆品，就是因为唤起了用户的好奇情绪（见图2-18）。

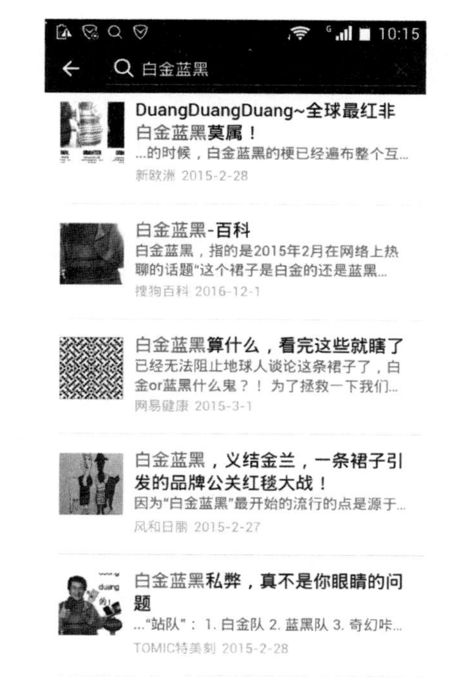

图2–18　朋友圈对“白金蓝黑裙”的讨论

在此企业需要注意一点，某些积极或消极的情绪其实是不具备唤醒作用的，企业一定要辨别清楚。例如安逸、轻松、满足等积极情绪都不具备唤醒作用；悲伤的消极情绪，也不具有唤醒作用，反而对用户的行为产生抑制作用。

（2）生理唤起。某些具有唤起用户生理的产品，通常都能获得用户的疯狂模仿或转发。就像是《感觉身体被掏空》唤起的是用户对加班的抱怨情绪，而《江南style》唤醒的是用户的生理。有研究表明，《江南style》中的五个音阶的核心节奏重复了100次以上，听到这个旋律之后，人们的身体也会情不自禁地跟着律动。这就是典型的生理唤起（见图2-19）。

图2-19　Psy的《江南style》

2.4　高频：不要“1”，要“N+1”

一个产品满足了用户刚需，解决了用户的痛点，那么这款产品就能成为爆品了？不，不一定，还需要高频。什么是高频？比如说吃饭，人一天得吃三顿饭，这就属于高频；出外工作的人，只有春节才会买票回家一次，这就属于低频行为。外卖行业就是从吃饭这个高频需求中而产生的。高频是爆品的必备因素，如果没有这个因素，产品再能满足用户刚需、再能解决用户痛点也成为不了爆品。所以，在打造产品时，企业一定要确定用户使用自己产品是“1”，还是“N+1”。

2.4.1　不做红海里的高频

什么是红海里的高频，我们可以从吃这个角度入手。首先，我们可以看一下一天里人的饮食。人一天的饮食时间可以分为早、中、晚和半夜。这都属于吃的高频时间，但是这个时间段已经成为红海了，例如饿了么、美团都是。补贴也好、人员也好、投资人也好，这一块竞争都非常激烈。那么，这就代表其他时间段就没有关于“吃”的高频了吗？当然有，就是下午茶。

下午茶和中、晚餐的外卖最大的区别是什么？很简单，中、晚餐解决的是饿，下午茶解决的是馋。一般到了下午三点的时候，很多人都想吃点东西，放松一下，那么他就会弄点咖啡、甜点。一般的企业都有设置下午茶时间，喝咖啡、吃甜点自然就属于高频的需求。

2.4.2　不做大众高频

并不是每个人都要吃下午茶，但是我们可以从运营的角度来理解（见图2-20）。

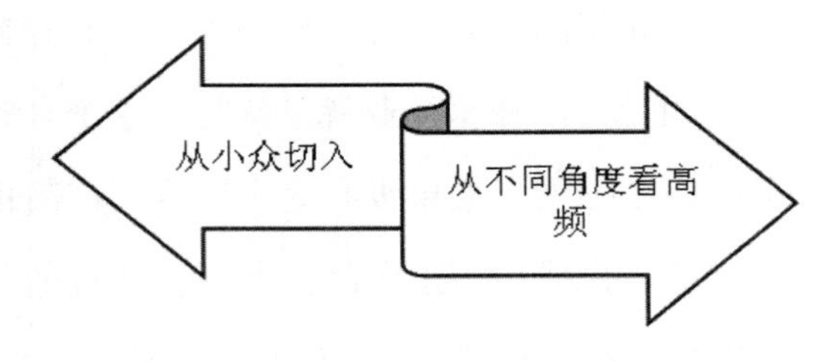

图2-20　不做大众高频的两个方法

2.4.2.1　从小众切入

下午茶就属于小众高频。比如你的办公室有一个女孩子，她天天喝咖啡，没有一天是可以间隔的，甚至比她点的午餐还多，那么，这就属于高频的需求。虽然她只是众多办公室成员中的一个，但也是一个高频市场，我们可以称之为小众高频。服务小众高频需求也是打造爆品的一个很好的切入点。

2.4.2.2　从不同角度看高频

午餐是一个高频，但是对于某些平台来说，它是不是算得上高频，还值得商榷。为什么这么说？为什么，从外卖O2O上面来说，用户今天可能从饿了么点餐，因为饿了么今天有20减12的活动，明天又可能从美团上订单，因为美团给他发了个红包，用户就不断地在补贴的诱导之下调换平台。除非你的行业已经饱满，其他竞争者已经被挤压得只剩一两家，否则你就要和几十家的产品分享用户的使用率。如此，高频也就变低频了。

秒拍的切入点就是属于红海之外的高频。秒拍是一款视频产品，但是视频行业已经被优酷、爱奇艺、腾讯、乐视、搜狐、芒果TV这些有大背景、大后台的产品所吞噬，他们本身的竞争已经非常激烈，后来者、实力较为弱小者就更无法进入这个壁垒（见图2-21）。视频也是属于高频产品，但现在的用户已经很少打开电视机，都是通过视频软件观看，且一天会打开好几次。如在条件允许的情况下，公交地铁上、咖啡厅里、上班中午休息时间、下班回家后，都可以打开软件观看，这绝对属于高频行业。可是，这已经是红海了。

图2-21　各大视频网站

那么，秒拍也是属于视频产品，它又是如何顶住压力成为爆品的呢？很简单，它做的是短视频。优酷土豆这些传统的视频网站主打的是长视频，也就是电视剧、综艺、电影等。而秒拍主打几分钟甚至几秒钟的短视频，其内容是以搞笑创意为主，以微博为载体（见图2-22）。虽然不是人人都玩秒拍，但微博用户多数都会玩，虽然是小众，但也是小众里的高频。而且因为不是红海，不用和优酷、爱奇艺、芒果TV等视频大咖争用户，竞争较小。再加上微博的支持，几乎短视频的用户资源都集中到自己身上了，所以，这也就算得上平台上的高频。

图2-22　微博上的秒拍短视频

2.5　社交化：互动、分享、连接

在经历了新一轮的高潮后，社交化再次成为互联网行业的热点，不管是企业，还是用户，都对产品是否具备社交功能给予了热切关注。不过，与上一轮以休闲娱乐为主不同，此次的社交化呈现明显的双向发展趋势。一方面，从事其他品类的互联网企业纷纷进军社交产品；另一方面，社交网站也已开始向其他相关业务品类拓展。

2.5.1　社交化为何如此受宠

早在2011年，马云就将社交化列为淘宝未来发展的“5个必须”的第一位。马云对于社交化的理解是“SNS化可以让更多的用户了解淘宝、参与淘宝、分享淘宝”。百度、腾讯也不断在自己的产品中置入社交因素。社交化为什么如此受宠？原因很简单，因为只有社交化才能让产品更有机会成为爆品。其主要体现在以下三点（见图2-23）。

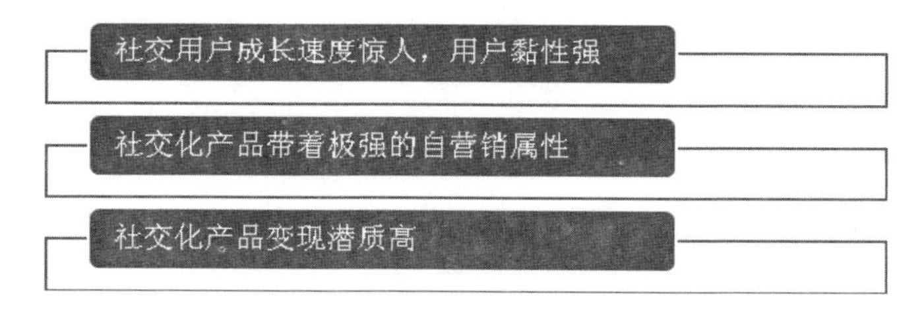

图2-23　社交化受宠的三大原因

2.5.1.1　社交用户成长速度惊人，用户黏性强

越来越多的用户喜欢使用社交产品，社交产品已成为日常生活的一部分。在“流量就是王道”的互联网世界，拥有黏性极强的海量用户就意味着拥有庞大的商业价值。

以微博为例，截至2016年6月，微博的用户规模达到了2.42亿，同比增长18.6%，在网民中的渗透率达到了34%，增长3.4个百分点。微博以海量用户为基点，进行了全方位的发展，涵盖娱乐、音乐、金融、电商等与用户生活相关的方方面面（见图2-24）。随着微博业务的不断扩展，微博用户给微博带来的商业价值也不断得到体现。

图2-24 微博各个业务

2.5.1.2 社交化产品带着极强的自营销属性

从营销的角度来看，社交化产品是天然的营销渠道，带着极强的自营销属性。社交链造就了前所未有的产品普及速度，而这正是爆品所需要的。

以社交游戏为例，在没有社交平台的时代，有着“世界第一网游”之称的魔兽世界，用了6年才积累1200万用户；而在社交时代，Zynga首款战略类游戏EmpireandALLies，用了9天的时间就获得了1000万用户。这个数据足以证明社交产品的自营销属性到底有多强大。

2.5.1.3 社交化产品变现潜质高

社交化产品有着良好的商业拓展性，其商业变现潜质非常乐观，通过社交关系所创造出来的模式能够不断与其他行业进行结合，并产生出新的价值。而打造爆品的目的是什么？就是为了变现，社交化之所以能得到越来越多的企业的青睐，就是因为能给爆品带来更多的变现模式。腾讯的发展历程足以证明这一点，腾讯的成功就是通过QQ形成的稳定社交关系网络。如今，基于QQ的用户群，腾讯已经发展包括了滴滴、腾讯网、腾讯游戏、腾讯视频、QQ音乐等涵盖各方面的业务（见图2-25）。

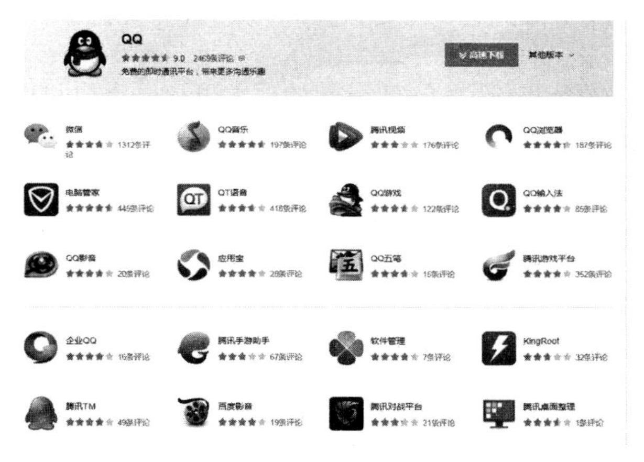

图2-25　腾讯部分业务

2.5.2　社交化打造要点

如何才能使自己的产品具备社交性质呢？在打造之前，企业需要明白以下几点（见图2-26）。

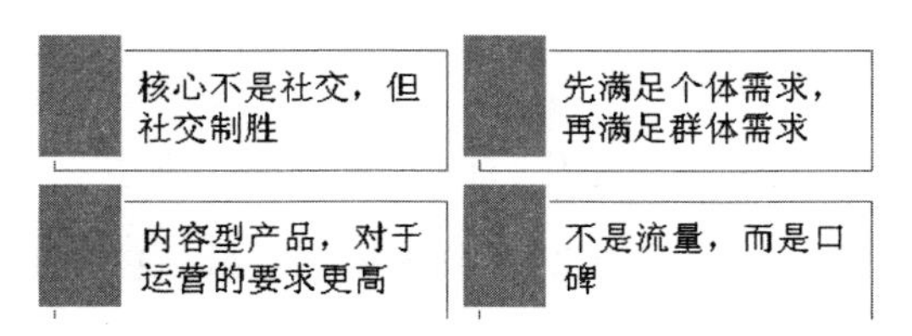

图2-26　产品社交化的四大打造要点

第一点，核心不是社交，但社交制胜。比如网易云音乐的核心点并不是UGC，但是它的评论、分享、动态却备受用户喜爱，更是让其成为爆品的关键点。

第二点，先满足个体需求，再满足群体需求。即使不发生社交行为，这个产品对于个体用户也是有价值的。比如网易云音乐的用户，他不喜欢评论和分享，只需听歌，而云音乐保证了其歌曲的音质、歌单的优质。

第三点，内容型产品，对于运营的要求更高。比如网易云音乐要保证歌单的完整，音质的优质。

第四点，不是流量，而是口碑。其意思是指在打造社交功能时，不能以流量为目的，而是要确认这个功能的增加可以给用户带来更好的服务，可以给产品带来更好的口碑。

2.5.3 在产品基础上进行社交化

前文有述，社交化已经是大多数产品未来的发展方向，很多原不是社交化的产品都增加了社交功能，但也不是每个企业都能获得成功，其失败的原因是没有把握住要点。除了上文所述的技巧之外，企业还要根据自己的产品特色进行社交化。只有结合了自己产品特色的社交化打造，才能获得成功。现在我们就从一个设想案例中看看，该如何选择适合自己的社交化打造方式。

百度新闻一直都想往社交化方向发展，但是在这条社交化路上踩过不少地雷。百度新闻总体而言是一个开放式平台，PC端的点击阅读都是离开百度新闻列表的。那么，这样的新闻社交化要如何打造呢？什么样的社交模式才适合百度新闻呢？

2.5.3.1　今日头条的模式靠谱吗？

今日头条与很多社交产品达成了合作，如QQ、微信、微博。尤其和新浪微博达成了深度绑定，新浪微博授予今日头条很高的权限接口。在早期，这样的关系链与新闻个性化方式是非常受用户欢迎的。但随着内容规模化和自媒体数量的扩张，今日头条的新闻可读性在下降，对阅读体验造成了极大的负面影响。丰富的内容不等于优质的内容，内容海量但也需要适当的权威新闻和观点，完全个性化可能造成注意力与信任度的下降。因此，百度新闻如果要学习今日头条的模式，其前提条件就是改变注意力与信任度下降的缺点（见图2-27）。

图2–27　今日头条

2.5.3.2　基于百度百家做社交化？

百度百家拥有了一大批固定作家，这些人群有一定的粉丝影响力

（见图2-28）。因此，百度新闻可以将百度百家作为社交化的种子用户，通过邀请制的方式来扩大产品用户数。除此之外，百度新闻还需要打造自己的评论系统，可以学习搜狐畅言、DISCUQ的开放评论系统。

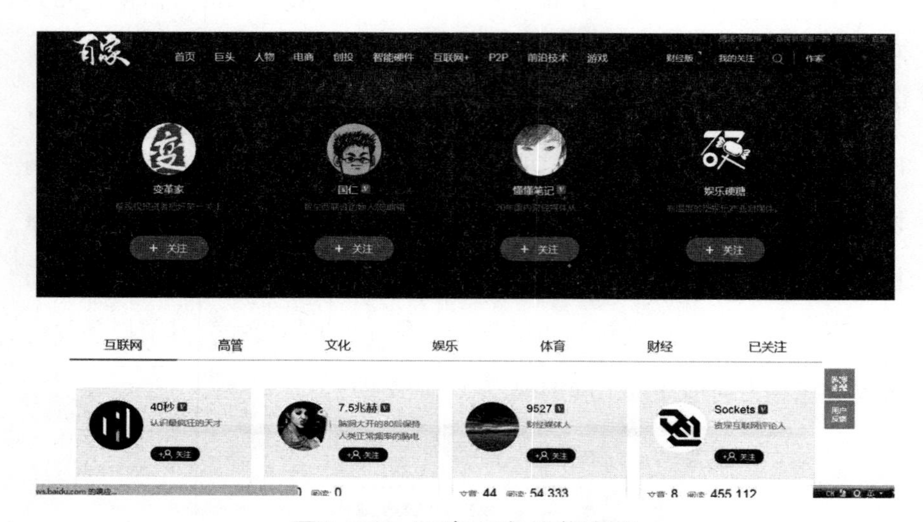

图2-28　百度百家的作家群

2.5.3.3　和社区结合的模式？

百度新闻如果能和百度贴吧进行一些深度结合创新，也是一种非常不错的社交化打造方式。百度贴吧有着非常多像山东鲁能吧这样拥有几十万粉丝的大吧，但同时也存在很多人气不高的长尾小吧（见图2-29）。如果百度新闻的社交化能够激活小吧的能量，双方做出一些产品创新的结合，不但可以为百度新闻的社交化打造带来帮助，还可以给百度内部带来许多帮助。需要考虑的是，百度新闻给贴吧导入了用户与流量，那么贴吧是否能给百度新闻带来一定的互动与评论量，加深新闻的影响性呢？

图2-29　百度贴吧

目前，百度新闻社交化还在不断探索自己的社交模式，以上的三种模式只是设想。先不说结果如何，百度新闻给我们的提示是，在打造产品社交化的过程中，要不断地摸索，不断地实验，要在自己的产品基础上选择一种最适合自己的方式，而不是认为只要加一个评论或转发功能就认为自己的产品社交化了。

第3章　关于爆品思维你应该知道的事

在市场竞争越来越激烈的形势下，越来越多的企业开始打造“爆品”，希望通过爆品为自己获得更多的市场份额，赢得更多的利润。所以，很多企业都把爆品思维挂在嘴边。但他们对于爆品思维的理解非常狭隘，认为就是炫、酷、销量高、用户多。爆品思维的内容非常广泛，爆品思维之所以能风靡商业界，其包含的理念因素绝对不止这些。因此，企业在打造一款爆品之前，先确定一下自己是否真正了解了“爆品思维”。

3.1 爆品思维的“一碗面”戳痛了谁

2014年，有一碗面火遍了朋友圈，如果谁没吃过或听过，就会被人说你“OUT”了。这碗面就是《舌尖上的中国2》中，张爷爷的手工空心挂面。2014年7月，全国最大的西北菜餐饮集团西贝筱面村，宣布以600万买断这碗面，并在其全国门店推出“张爷爷家原汁原味”的酸汤挂面。

仅上线两个月，这碗挂面就卖出了100万碗，销售额突破了1700万元。原本就天天排队的西贝筱面村，因为这碗挂面，排队的队伍又拉长了不少。大众点评、微博、微信朋友圈上各种评论分享，张爷爷挂面就像是一场流行病，在“爱吃一族”中迅速蔓延。

3.1.1 一碗面引起的爆品思维

同年的8月下旬，一封西贝内部邮件，引发了餐饮行业的巨大震动，同时也揭示了问题的答案。邮件的内容是西贝掌门人贾国龙想要说服投资人与高管团队实践“好吃”战略而牺牲掉大部分利益。

西贝这碗面的火爆已经让不少人神经敏感，这份邮件内容更让不少同行担心，一旦降低价格，西贝的用户将再次大幅提升，届时，自己的市场份额又会压缩不少。

贾国龙是否真要通过一碗面吞噬更大的市场，我们不得而知，但是从他的对外公开的话语中我们却可以知道“贾老板是准备把张爷爷的这碗面打造成爆品，把爆品思维作为自己的战略布局核心点”。

3.1.2　这碗面，为什么这么火?

爆品，原先是电商卖家最常运用的营销手段，现在则被引申和发展为爆品思维，其含义是打造让用户尖叫到爆的极致产品，通过这款爆品带动整个企业的发展。而爆品思维于西贝，无异是一场电光火石的相遇，这份邮件也充分说明了贾国龙在爆品层面上的极端偏执倾向。“面粉必须用最贵的河套雪花粉，老鸡汤必须超过5个小时，西红柿必须发酵，上桌时的理想温度为57度，鸡蛋必须要圆。”虽然原先张爷爷也是这么做的，但是作为全国连锁性质的餐饮店，能做到如此，却难之又难。这也是张爷爷这碗面能成为爆品的根本原因。

西贝的这碗面无疑触动了很多人的神经，许多企业在看到西贝的成功后，纷纷开始关注爆品思维，希望通过爆品来带动企业的整体发展。但在打造爆品的过程中，企业需要明确一点，打造爆品必须具备爆品思维，而爆品思维中又包含了很多内容。包括用户的喜好变化，爆品的高品质，爆品能够解决的用户的真正痛点，能够给用户提供持续的新鲜感，体验能够极致到让用户尖叫……

3.2　消费变迁：8090，我有我的态度

也不知从什么时候开始、我们用70后、80后、90后来划分人群，但这些简单数字的背后，不仅仅是代表一个年代，更代表着每个年龄层的

不同文化，对于生活、消费、娱乐、工作等各个方面不同的态度。随着80后逐渐成为社会的中坚力量，90后纷纷进入社会工作，年轻一代成为了消费的主力军。各个企业都紧盯着80后、90后用户的口袋，不断地揣摩他们的消费习惯。打造爆品也是如此，如果不去揣摩80后、90后的消费思维，那么你的爆品永远也成为不了爆品。

3.2.1 对“衣食住行”的消费观念

80后、90后是消费主力，对市场的影响力不容小觑。研究他们的消费行为有利于爆品的打造。我们可以衣、食、住、行四个领域对他们的消费观念和行为进行探讨。

3.2.1.1 衣：高度互联网化，品牌个性化

80后、90后出门最怕什么？“最怕撞衫了”。他们希望自己能与众不同，追求品牌个性，但同时他们的经济能力又较为有限，所以他们更希望能通过多元的消费渠道，线上、线下比较价格，用最低的价格买到最心仪的爆品。综合起来看，80后、90后对服饰的偏好呈现出以下两点特征（见图3-1）。

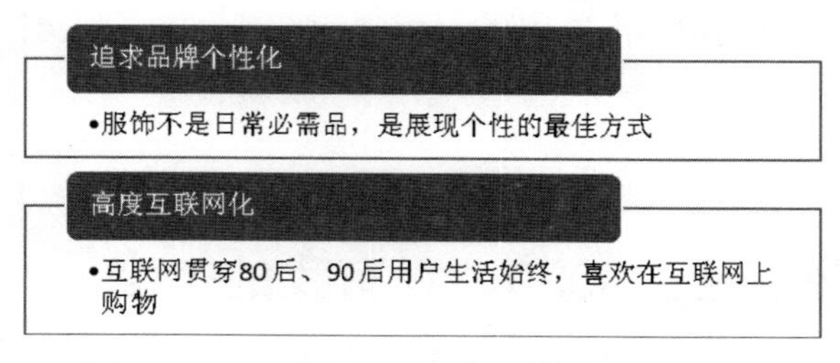

图3-1　80后、90后对服饰的两大偏好

韩都衣舍为什么能成为爆款服装品牌，在众多的网购服装品牌中脱颖而出，甚至成功上市？原因很简单，就是抓住了80后、90后的消费偏

好。韩都衣舍的风格偏向韩国风，款式新颖好看，上新速度极快，而且为了满足80后、90后用户的个性化需求，每件单品的库存都做了一定的限制。因此，可以极大程度地避免用户撞衫的尴尬。同时，韩都衣舍属于电商品牌，完全符合了80后、90后用户喜欢网购的喜好（见图3-2）。

图3-2　韩都衣舍

3.2.1.2　食：注重特色和体验，偏向中低端消费

80后、90后中有很多“吃货”“美食家”，他们把美食当做自己工作、学习后的犒赏，更是一种享受。他们喜欢在周末用APP发掘各种好吃的食物，约上三五好友一起尝鲜。在餐饮上，80后、90后的特征可以概述为以下几个方面（见图3-3）。

注重个性化和创意特色、饮食偏好多变

- 在饮食上不追求档次和服务，对合理范围内的价格也不敏感，他们最在意的是餐厅的菜品是否有创意、有特色、有个性

关注切身感受，相信朋友口碑而非广告

- 较少受广告宣传的影响，对口味、环境、服务等都有自己的独到偏好，认为亲身体验最好
- 乐于传播口碑，分享自己的体验感受，评论消费过程中满意和不满意的地方

经济实力有限，偏好物美价廉的中低端餐饮

- 消费能力有限，餐厅的档次不在主要的考虑范畴，任何中端、甚至是低端的饭馆，只要有特色、有卖点，就能满足他们的体验要求

图3-3　80后、90后在餐饮上的消费态度

当初的黄太吉煎饼为什么会一炮而红？原因很简单，就是抓住了这群用户对于饮食的消费态度。注重个性，黄太吉就宣传个性；喜欢口碑，黄太吉就塑造极致的用户体验；经济实力有限，一个煎饼本身价格就不高。就是如此简单，黄太吉依靠煎饼成为餐饮界的爆款（见图3-4）。

图3-4 黄太吉

3.2.1.3 住：压力虽大，但依旧注重品质超价格

特别是在一二线城市工作的80后、90后，住房问题一直是他们的困扰，几乎占据了他们工资的一大部分。但即使如此，他们也宁愿多花点钱租好点的地方。总体来说，他们在住房方面所表现出来的特质包含了以下几点（见图3-5）。

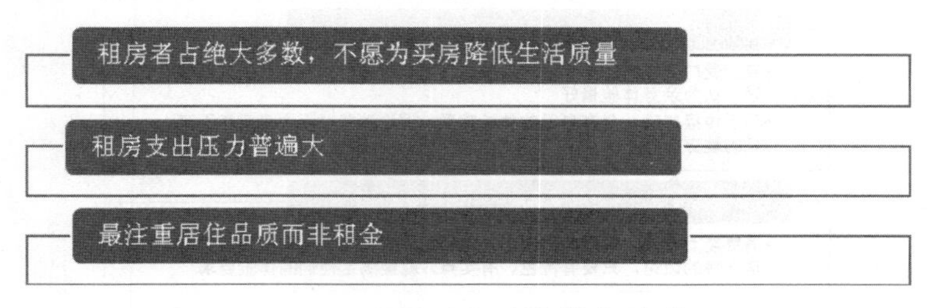

图3-5 80后、90后的住房消费观

安居客的诞生就是因为80后、90后在住房方面的消费观点。安居客不像传统软件需要中介费，同时还可以提供多样化的信息，让他们选择（见图3-6）。安居客上的北京房源没有非常低的价格，譬如500元以下的，因为在北京，除非特别偏远的地区或者是条件极差，否则很难有500元以下价格的。不过这个价格在其他的租房软件上却存在，安居客不收入500元以下的房源就是因为要给用户一个品质保证。

图3–6　安居客查不到500元以下的房源

3.2.1.4　行：外观与质量并重，具有品牌意识

相比于买房，对于80后、90后买车更加切合实际。其消费偏好主要体现在以下几点（见图3-7）。

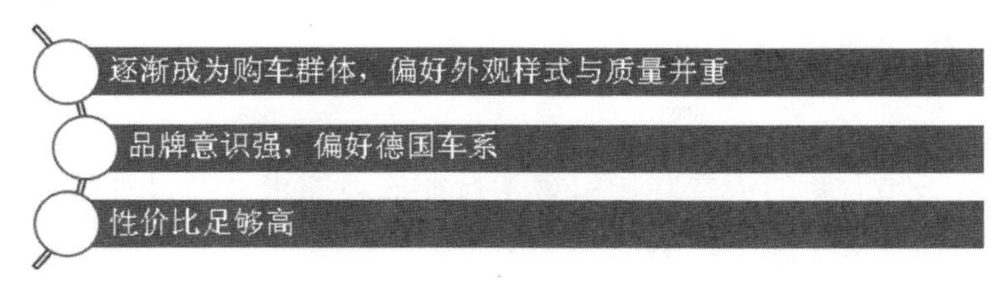

图3–7　80后、90后对出行的消费态度

汽车之家就是应80后、90后对出行的消费态度而生的。用户需要外观与质量并重的汽车，有很强的品牌意识，同时还要超高性价比。那

么，用户如何才能准确获取这些信息呢？不可能经常跑4S店，汽车杂志的信息也很有限。汽车之家为了满足用户的这些需求，在网站上提供了各种各样的汽车相关信息，并请专业人士对这些汽车作分析，保证信息丰富的同时又确保了专业性（见图3-8）。

图3-8　汽车之家

3.2.2　新消费特征引爆行业新需求

80后、90后新的消费观，引爆了行业的新需求。通过观察分析，我们可以归纳为以下几个方面。

3.2.2.1　小众消费崛起

在大众消费时代成长的80后、90后用户，消费倾向更加个性化，需要多元化的爆品来满足不同小群体的消费偏好。特别是在小众领域，例如哔哩哔哩网站，就是为了满足二次元用户的需求而产生的。这类用户喜欢在网站上玩弹幕，剪辑和配音各种影视剧，而动漫是这类用户的最爱（见图3-9）。

图3-9　哔哩哔哩

3.2.2.2　“懒人”消费盛行

“懒人”消费盛行，90后追求简单、方便快捷消费方式，因此孵化出了社区、餐饮、旅游的“懒人经济”。社区O2O把服务送到家门，餐饮O2O把饭送到用户手里，旅游O2O把行程送到用户眼前。

外卖服务就是在“懒人经济”中兴起的，譬如2015年突然爆红，与百度外卖、美团外卖争天下的饿了么（见图3-10）。它就抓住了80后、90后用户“不想在家做饭、不想出去吃饭”的懒人需求，同时配合强大的市场推广，让饿了么一下子就红了起来。

图3-10　饿了么

3.2.2.3　爆品故事兴起

为了满足80后、90后用户对爆品背后故事的期待，企业改变了传统的狂轰滥炸式的广告方式，而是设计带有不同标签的爆品故事，通过互联网在短时间内去影响用户，迅速打造爆品的影响力。褚橙为什么会成为橙子中的爆品，到处都是各种各样的橙子，为什么只有褚橙被人记住了名字，并且销售得如此火爆。原因很简单，褚橙利用的就是故事的影响力（见图3-11）。

听褚橙故事,学褚老智慧! 褚橙　2年前
褚橙故事论营销 绿妍农场电商...　1个月前
万科与褚橙的故事 昆明万科　1个月前

"褚橙"背后的故事 - 文章
75岁二次创业，85岁带着褚橙进京，褚时健的精神让众多名人敬佩不已。中国最具有争议性的财经人物之一，他曾经是中国有名的"烟草大王"——褚时健 巅峰落马坠低谷 1979年...
新浪微博 - weibo.com/p/1001603... - 2015-12-22 - 快照 - 预览

褚橙和它背后的故事_寒山映月_新浪博客
来自：寒山映月　类别：生活感悟　日期：2014-11-27
因为"褚橙"的背后有着一个褚时健人生大起在大落再大起的故事. 在上世纪八、九十年代,"红塔山"香烟可谓风靡全国,而创造这个红塔帝国神话的就是褚时健.然而1999年1...
新浪博客 - blog.sina.com.cn/s... - 2014-11-27 - 快照 - 预览

他和褚橙背后的故事
立冬时节，云南人喜欢的褚橙上市了，一个个圆润饱满的橙子像橙黄色的胖娃娃被从树上摘下来，放在箱子里一箱一箱运往市场。随着褚橙在电商时代的推广，也有人问，这"褚橙...
豆瓣 - www.douban.com/note... - 2015-11-27 - 快照 - 预览

褚橙火爆背后的故事揭密-搜狐吃喝

必须要先有个属于自己的名字，于是，"褚橙"这个称呼，就诞生了。 讲故事 褚老的经历已众所周知，这其中的功劳大部分要归功于胡海卿团队。好的产品在未被人知晓之前...
搜狐美食 - chihe.sohu.com/2... - 2015-11-23 - 快照 - 预览

"励志橙"褚橙又在流行,这个故事三年前是这样开始的|商周经典

本来生活的前运营总监、褚橙故事的操盘手胡海卿，后来成了农业电商专家，创办新农人社群组织星农邦，在不断寻找"下一个褚橙"。 至于褚老，今年87岁，目前拥有种植...
360doc个人图书馆 - www.360doc.com/c... - 2015-11-18 - 快照 - 预览

图3–11　褚橙的故事

3.3　别把自己当做超级用户

大多数企业在打造爆品时，都会犯一个“以己度人”的毛病，把自己的感觉当做用户的感觉，把自己的想法当做用户的想法，认为自己就是可以为爆品提供一切意见的超级用户。通常有此类想法的企业，都很难打造出爆品，因为它缺乏用户思维。别说是爆品，即使是一款普通产品，缺少了“用户思维”，最后也会因为不受用户欢迎而成为滞销品。那么，企业该如何避免这种情况呢？

3.3.1 建立一个用户思维体系

为什么一下科技、腾讯等这些新、老企业经常能打造出爆品？原因之一就是因为这些企业有着非常完善的用户思维体系，根据这个体系打造出来的爆品，能戳中用户的痛点、解决用户的刚需问题，从而获得用户的喜爱。

3.3.1.1 了解你的用户

不把自己当做超级用户、拥有用户思维的第一步就是“去了解你的用户”。爆品的用户到底在哪里，到底是谁在使用你的爆品？企业一定要了解自己的用户，因为只有了解自己的用户是谁，才能进一步地去了解用户的想法。企业可以通过以下两种方式去了解用户（见图3-12）。

与用户接触

•主动与用户接触，了解用户的困扰，用户希望如何解决这种困扰

汇集成用户画像

•画像是为了更好帮助企业理解用户，在主功能上满足用户需求之外的需求。

图3-12 企业了解用户的两种方式

3.3.1.2 构造用户的心理

构造用户心理可以分初、中、高三个层次。初级层次，就是用户说什么，企业满足什么；中级层次，就是用户说是什么，企业用另外一种方式满足；高级层次，用户不说什么，企业也知道用户需要什么。企业

可以通过以下几种方式去构造用户的心理（见图3-13）。

图3-13　用户心理构造的三种方式

第一种：与用户沟通。有效的用户沟通就像朋友一样的交流。用户会告诉企业很多心理感受，企业可以与他成为朋友。沟通上受阻，是很容易发生的，可以先记录，再做修正。

第二种：找到用户真正的需求。主功能满足就是用户真正的需求了吗？并不是。用户为什么一直选择价格比淘宝贵的京东？因为这是用户认知度与满意度的养成。而这养成的前提，就是京东抓住了用户的真正需求，包括物流、爆品品质，以及整个服务体系（见图3-14）。

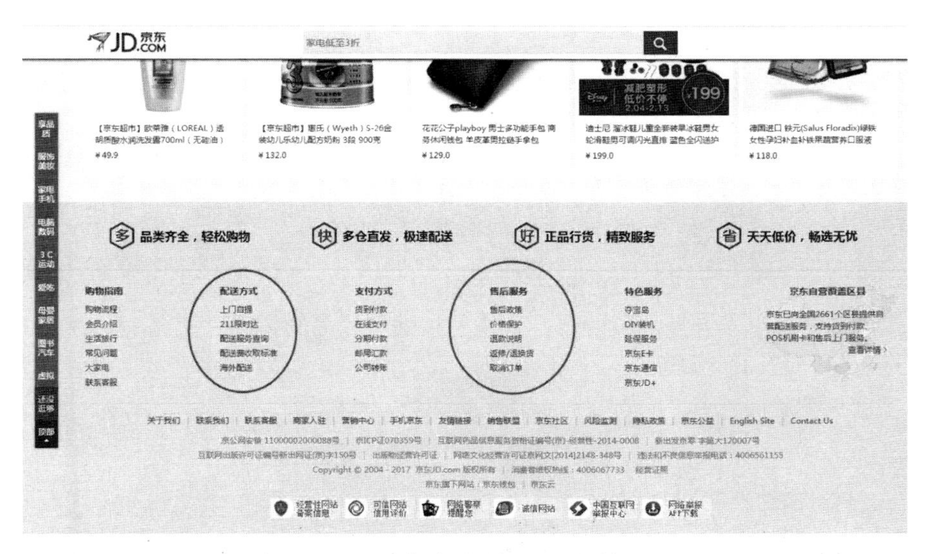

图3-14　京东完善的服务体系

第三种：把握用户真正的心理。爆品之所以能成为爆品，绝对是因为它能满足用户某一部分的心理。比如美拍满足了用户爱美的心理，朋友圈满足了用户渴望得到认同的心理。

3.3.1.3 构造用户场景

用户场景的模拟与构造，是对爆品最大的考量。很多爆品之所以成为不了爆品，就是因为对场景的把握很弱，没办法完全融入到用户的场景中。需要构造的用户场景主要有两种（见图3-15）。

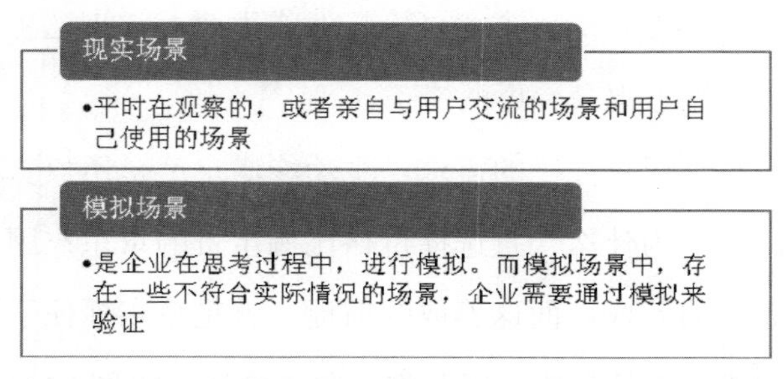

图3–15 企业需要构造的两种用户场景

3.3.2 五大用户思维模式

在把握用户思维，避免把自己当做超级用户的过程中，其实也是有一定的模式可以遵循的。用户思维有一定的模式，企业只要把握住这些模式，然后辅以差异性，就能很好地避免自嗨型爆品的情况（见图3-16）。

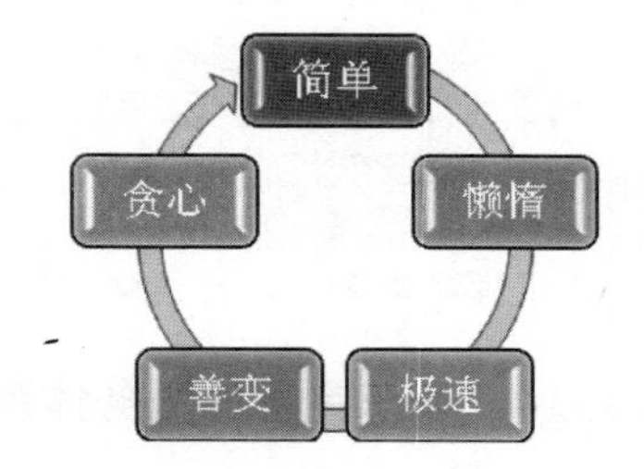

图3–16 五大用户思维模式

3.3.2.1　简单

所有爆品简单化已经成为了惯例。利用敏捷开发、MVP爆品等概念帮助爆品简单化，让产品使用起来更加地简单。简单化的前提是“时刻了解用户想要看到的，清楚哪些是用户不想看到的”。

在这一点上，百度搜索就做得非常出色。用户使用百度搜索的目的是为了寻找自己想要的答案，对于其他的东西他并不需要。百度搜索抓住了用户想要简单的心理，让首页画面极度简洁化，用户只会看到一个搜索框，而事实上，用户在搜索时也只会用到搜索框（见图3-17）。

图3–17　百度搜索

3.3.2.2　懒惰

一键生成、一键搞定，这些都是为用户的懒惰需求而产生的。因此，企业在设计爆品时，一定要在有限的几步之内达到用户想要看到的内容。

这一点，百度搜索也捕捉到了。用户在完成搜索任务时，只需要两个步骤：第一步，在搜索框中输入内容；第二步，点击“百度一下”即可出现想要的内容。除此之外，为了更迎合用户的懒惰需求，百度搜索的移动端还开发了语音系统，只需要通过语音就可输入内容，为用户节省了打字的步骤（见图3-18）。

图3–18　手机百度的“语音搜索”

3.3.2.3　极速

快，是移动互联网最大的特征。爆品要快，用户也希望在最短时间内看到内容。因此，企业在打造爆品时，要做的工作不止是对页面进行快速优化，更重要的是思考用户希望下一个页面是什么。快，不仅仅在于加载，少几个页面的跳转，更在于快速让用户看到想要了解的内容。

为了满足用户对“快”的需求，百度搜索在2014年就上线了“极速搜索”功能，基本请求时间基本都在200毫秒左右，做到了无等待时间。到了2017年，百度搜索的搜索速度又加快了，基本上用户输入第一个字，其页面下就能出现相关的内容，然后随着输入文字的增多，出现的内容越来越精确（见图3-19）。

图3-19 百度搜索的“搜索速度”

3.3.2.4 善变

人类是一种易变的动物，因此，每一次在使用爆品、购买服务时都要保证用户体验。一次不爽，你的产品成为爆品的机会就少了一分。把握用户的这个心理，要从一些爆品设计细节中体会。比如下订单是否方便，登录是否可以用关联帐号，无需另行注册等。这种小细节的体验直接决定了用户会不会再次使用你的产品。

为了留住用户，百度搜索一直在不断优化。譬如为了用户在搜索时获得“更加精确搜索”的体验，百度搜索增添了不少新的分类功能。用户点击这些分类功能进行搜索，就可更快、更精准地获得搜索结果。譬如要搜索关于百度的相关新闻，用户输入百度，然后点击新闻就可直接出现关于百度的最新新闻报道（见图3-20）。

图3-20 百度的分类搜索功能

3.3.2.5 贪心

多数人都贪心，不管是哪一方面。微信红包的火爆和用户的这个特点有着很大的关系。微信红包站在用户的角度，把这一点发挥到极致。商户利用微信红包用送优惠券和送现金的方式吸引用户，用户则希望把自己得到的微信红包红利消费掉。一来一往，商户与用户都得到了利益，用户黏性也得到了增强。

3.3.3 跨越传统思维的阻拦

企业也许会产生一个疑问：我已经做到了不把自己当超级用户，在设计爆品时具备了“用户思维”，可依然还是无法做出直戳用户痛点、满足用户刚需的爆品，这是为什么？其实，这并不是因为我们本身不够优秀，而是大多数企业家都是从“优胜劣汰”的传统商业时代过来的，已经固化的思维模式是很难改变的。这些固化的思维模式阻拦了企业站在用户的角度思考问题，从而导致自己做出了自嗨型的爆品或者是自嗨型的爆品推广方案。那么，该如何跨越传统思维的阻拦呢？企业可以从两个方面入手。

3.3.3.1 自我视角陷阱

好像不管怎么学习与训练，企业们还是把自己当做超级用户，因为“内在视角”本身就是企业们多年进化出的天生直觉，天生遇到问题的第一反应就是“关心自己，表达自己的感受”，而不是“站在别人的视角看自己”。

假设一个场景：你在一条双行的道路上开车，突然前面出现变故导致双行变单行，很快就堵车了，任何一方都不想退让。作为排在后面的一位车主，你去说服前方的前排的第一辆出租车倒车。大部分人第一反应都是“麻烦让一下路！”“师傅，你不走我们后面的也走不了啊！”“来，给我个面子怎么样？”

你被堵在后面——你很急，想让司机倒车——你表达自己很急并让他倒车。从自己的角度出发，表达自己的感受，这就是“自我视角”的第一反应。很多企业在设计爆品、设想用户面临的各种问题时，也是相同的反应。

但如果改成用户视角，就是从对方真正在意和关心的事情出发去解决问题。可以这样说，“在这两辆车中，只有你是专业司机”。如此，可以把自己想让对方做的事，关联到对方在意的事。多数出租车司机以开多年的车拥有丰富的经验而自豪。这样，对方听了就不会产生“为什么是我退，而不是你退”的想法，反而会产生“对，我是专业司机，我倒车比较快，大家都可以快点走”。

设计爆品时或是在推广爆品时也是同样的道理。要明白，营销的本质并不是在自己的大脑中寻找答案，而是在用户的大脑中寻找答案。

3.3.3.2 设计者陷进

什么是设计者的陷阱？我们可以这么理解，一个企业想把一款睡枕打造成爆品，其宣传的主题是“想进入助眠市场，主打香薰助眠”。多数人拿到这个任务后，第一直觉反应就是“香薰睡枕，给你最好的睡眠品质”或是“香薰睡枕，让你沾枕即睡”。这样的宣传文案问题出现在哪里？就是很难让用户信任，你说可以立即入睡就立即入睡？这就是设计者的陷阱，自己认为这款爆品确实好，就以为用户会认为好。

为什么会产生设计者陷阱？原因很简单，就是这些文案本身并不符合用户已经知道并且认可的事实。总归一句话，还是没站在用户的角度去思考问题。你是设计者，你知道爆品设计过程中的一切专业知识，知道这个爆品确实能帮助入眠，而且效果极好，但用户不知道。所以，你这样的文案，用户肯定是不会相信的。

3.4　创新就是对价值链动刀

先别说是爆品，即使一般的产品想要得到用户的认可，获得好的销量，也必须有创新点。因为现在的市场同质化现象越来越严重，手机有几百个品牌，一个功能有好几百款手机都具备。如果你没有创新点，如何让用户从密密麻麻的爆品群中一眼认出你并喜欢你。所以，要打造爆品，就必须进行创新。爆品需要的最大创新点就是在价值链上动刀。

有些企业认为创新就是功能上的创新，这只是一方面。降低成本也是创新，不过这种创新需要建立在功能的创新上才是有效的。

3.4.1　什么是价值链

什么叫价值链？就是指用户能够以某个价格拿到手，并清楚感知到的价值，在这其中会涉及到一个公式：爆品=制造+感知。也就是说，企业在打造爆品时，需要通过制造各种创新功能，而这种创新功能能让用户感受用这个价钱买到这个爆品非常值。

那么，我们又该如何理解在价值链上动刀？就是指要在价值链上做创新，要把过去一些低效的成本砍掉。比如服装行业，零售价一般是成本价的8倍，一件成本10元的衣服，要卖到80元，有些行业甚至更高。为什么要加价这么多？这并不是商家无良，故意卖高价，而是运营成本过高，比如广告费、渠道费、多级代理费用等。

小米爆款的成功，就是在价值链上进行创新。现在我们就来看看，小米的价值逻辑是什么。小米有个内部红线：5%的运营红线，意思是总运营的成本占总销售的比例不能超过5%。这在手机行业几乎就是不可能的，谁都知道手机的成本费用有多高。但是，小米做到了。小米的“高性价比”就是其最大的创新之举，结果也证明小米成功了。那么，小米是如何做到的呢?

小米爆品的推广几乎不靠广告，而是靠用户口碑节省了广告费，自然就节省了一大笔成本。除此之外，小米并不发展代理商，用户购买基本上都是通过线上厂家直销，节省了代理商的费用。小米通过节省运营环节，做到了节省成本，从而才有了小米的高性价比（见图3-21）。

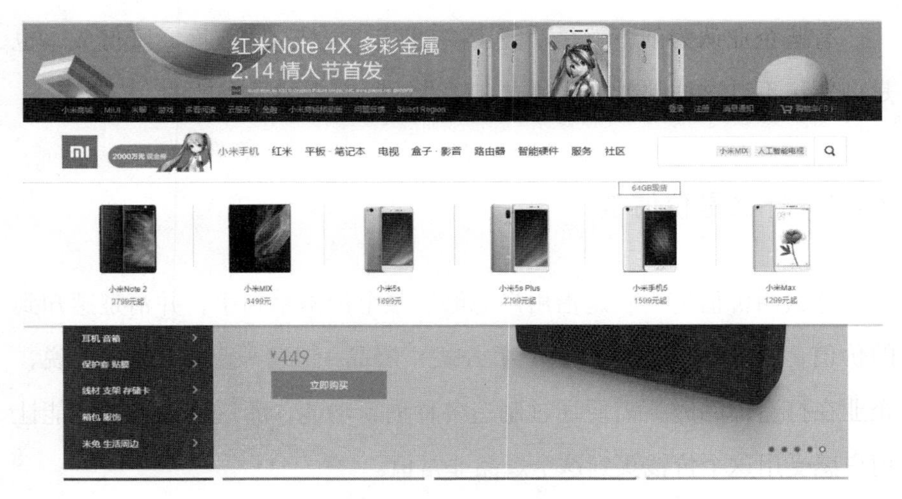

图3-21　小米官网直售

3.4.2　先在爆品上动刀，才能在价值链上动刀

上文说过，在价值链上的创新需要建立在爆品创新的基础上。很多

企业虽然在价值链上动了刀，降低了成本，降低了售价，但产品依然无法成为爆品，其原因就是没有在产品上进行创新。那么，具体要如何操作呢？世界创造学之父——奥斯本曾经提出一个“6M”法则，它阐述了爆品创新的六个途径，通过这六个途径可以帮助企业进行有效的爆品创新（见图3-22）。

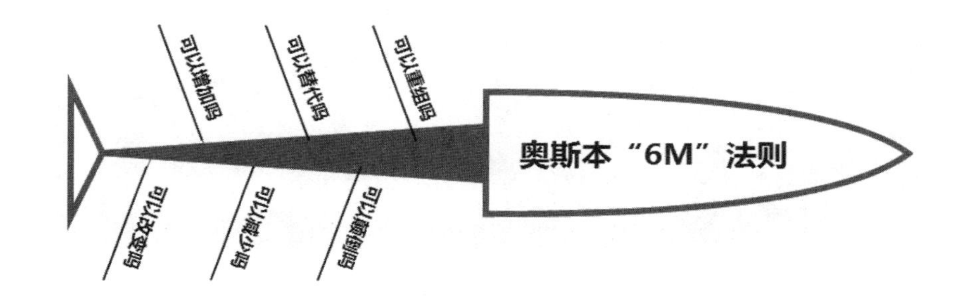

图3-22　奥斯本“6M”法则

3.4.2.1　可以改变吗？

思考是不是可以在功能、形状、颜色、气味上进行改变？除此之外，还是否有其他的改变的可能性。改变，是爆品创新的要素。许多普通的产品，只需要稍作改变，就能够让用户眼前一亮，具备成为爆品的素质。

比如OPPO R9S，与其他手机并没有什么不同，只是改变了一个功能，就是“快速充电”。其广告语是“充电5分钟，通话2小时”（见图3-23）。别小看这个功能的创新，因为手机充电慢，已经成为手机用户的痛点，OPPO R9S解决了这个痛点，自然大受用户的欢迎。

图3-23　OPPO R9S的快速充电功能

3.4.2.2　可以增加吗

思考是否可以通过增加尺寸、使用时间、新的功能而进行爆品创新。通过增加来进行爆品创新的例子比比皆是，皆获得不小的成功。但是用增加法来进行爆品创新时要注意两点：一是要节制，不能为了增加功能而分散用户原本的注意力，弱化了爆品的核心卖点；二是不要一下子给爆品增加太多的新功能，也不要一下子把爆品尺寸增加得太大。

如华为原先一款本可以成为爆品的手机，就是因为尺寸增加得太大，结果失败了，这款手机就是华为S7，屏幕有7英寸，都快赶上平板电脑了（见图3-24）。由于屏幕太大，导致该手机不仅便携性差，也影响了外形美观度，被用户戏称为“板儿砖”。

图3-24　华为S7

3.4.2.3　可以减少吗

思考可以把爆品的哪个功能、操作步骤省去，减轻、减薄、减短、减少。现在的用户都没有耐心，如果能在不影响使用的前提下减少操作步骤，这绝对是爆品创新的一大步。

苹果的成功，就是因为懂得做减法。不管是手机、电脑还是平板都遵循“少即是多”的原则。互联网行业内有一个专业名词叫“傻瓜操作”，就是指智力不高的人也懂得玩，做到了这一点，那么这款爆品就成功了一大半。苹果的平板电脑显然符合这一点，因为很多三四岁的小孩都会操作平板电脑（见图3-25）。

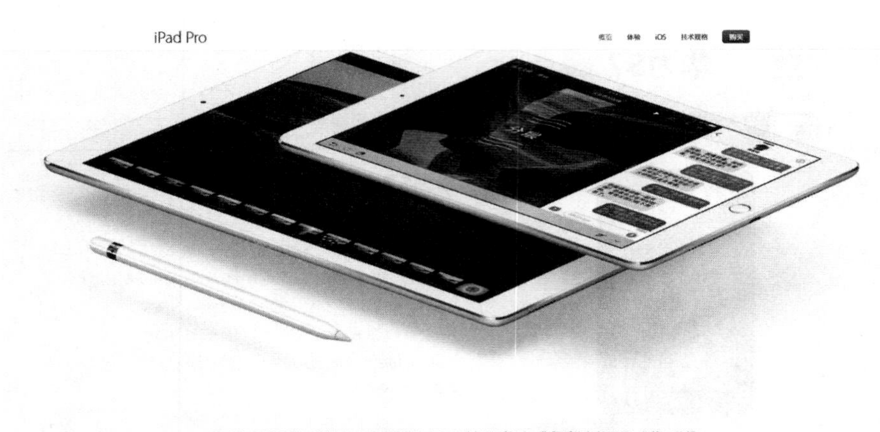

图3-25　苹果iPad的极简操作

3.4.2.4　可以替代吗？

考虑是否能用其他材料、零部件、能源、色彩来替代产品的某个部分。替代法，一般是随着新技术、新材料、新能源的出现而采用的一种爆品创新替代法。例如智能手机的出现替代了功能手机。替代性创新，经常依赖于新技术、新材料的出现，这就要求企业对所在行业要保持高度灵敏的商业嗅觉，时时刻刻关注行业动态。在接收到行业信息后，立刻思考，能否为己所用，这种新技术的出现会对自己的爆品带来什么样的创新。

3.4.2.5　可以颠倒吗？

思考能上下、左右、里外、前后颠倒吗？或者目标和手段能颠倒吗？颠倒是一种逆行思维的爆品创新方法，在正向思考解决不了问题时，试一下逆向思维，或许会让你找到一条独特的爆品创新之路。

3.4.2.6　可以重组吗？

思考是否能重新组合零部件、材料、方案吗？重新组合这种爆品创新方法，其实就是跨界、混搭去重构一件爆品。很多时候，创新就是元素的新组合。

3.5　聚焦是打造爆品的关键

对于一个企业来说，人力、物力、财力都是有限的，管理学中的二八法则告诉我们：在任何群体中，重要的因素通常只占据少数，而不重要的却占据了多数。例如一个企业销量前10名的爆品总销量占据了企业总销量的80%。那么，企业如果要提高执行力，加大效益，就要把重心放在前10名爆品中。同理，如果一款爆品的销量抵得过10个爆品的销量，但是这款爆品所需要的人力、物力、财力却只需要10个爆品的一半。那么，不管是哪家企业都会选择打造这一个爆品，而不是打造10个爆品。企业不是慈善机构，维持合理的利润是必须的，而聚焦就是提高企业利润的有效手段。

3.5.1　聚集10倍力量打造一个爆品

所谓聚焦就是聚集10倍的力量，研发、生产、推广和销售一个单品，达到以点带面的效果。其实这个道理，大多数企业都明白，可结果往往不尽如人意。这是为何？其实是因为这些企业没有找到正确的聚焦点。那么，企业该如何做呢？可以按照以下四个方面进行（见图3-26）。

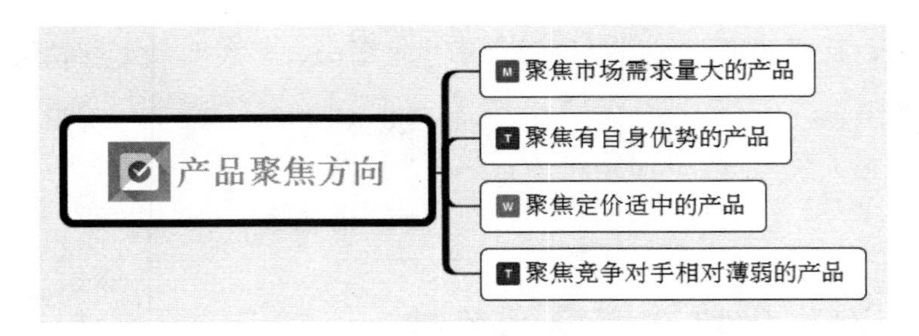

图3–26　爆品聚焦的四大方向

3.5.1.1　聚焦市场需求量大的爆品

聚焦的最终目的，还是为了能量产。所以在选择爆品时，就必须考虑市场需求的广泛度，考虑市场的容量到底有多大。如果是小众品类的爆品，在自身的资金实力不够支撑其营销的情况下，是很难在短期内产生大销量的。

譬如2017年的爆款音乐竞技节目《歌手》，其中有一名选手赵雷一夜爆红，《成都》刷爆朋友圈（见图3-27）。他之所以能红是因为唱了一首让人感动不已的民谣《成都》。在这之前，赵雷只有熟悉、喜欢民谣的听众才知道，因为民谣属于小众音乐，很少人关注。而赵雷上了《歌手》，只唱了一首歌就被全国人民所熟知，就是因为有湖南卫视和《歌手》这个强大的营销平台支持。所以，虽然民谣属于小众，但因为营销能力强，所以赵雷成为了爆款。

图3-27　刷爆朋友圈的《成都》

从这个案例中我们可以明白一个道理：要打造爆品就要选择市场需求量大的产品，比如“流行通俗”的歌手；但是如果想选小众，另辟蹊径，就要有一个强大的营销平台。

3.5.1.2　聚焦有自身优势的爆品

一款能成为爆品的产品一定有其独特的优势，不管是配方技术、原料还是生产、包装方面，都是竞争产品所不具备的或是难以达到的。把目光聚焦到这样的产品上，企业打造爆品的成功机率才能更大。

《歌手》为什么能连续五年都成为现象级的综艺节目，成为当年最大的爆品综艺之一？就是因为它有其独特的优势（见图3-28）。

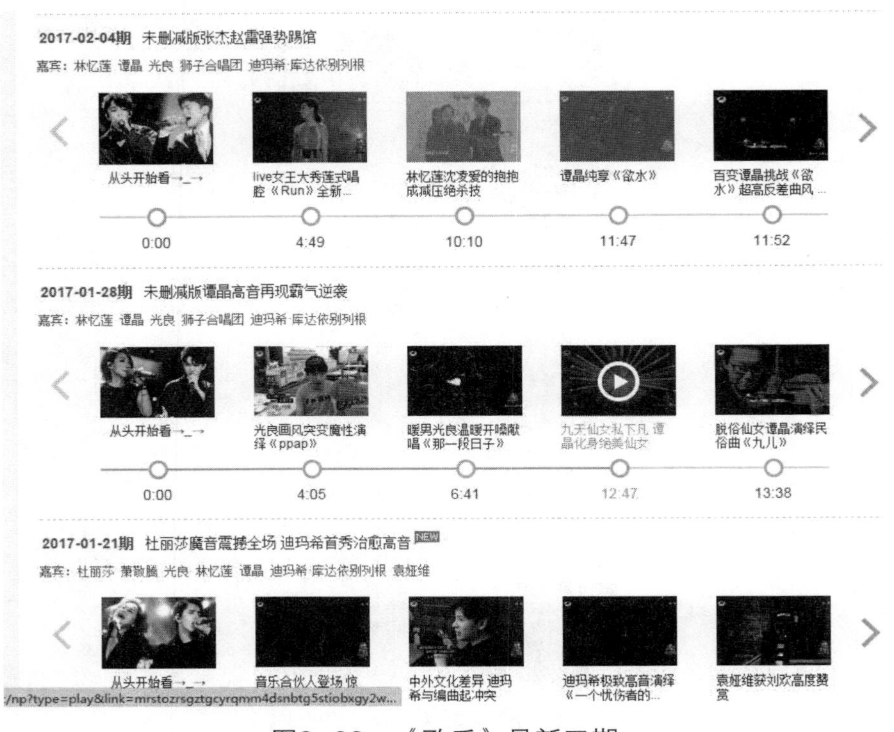

图3–28 《歌手》最新三期

首先，与其他草根类音乐选秀节目不一样，《歌手》的优势是更加精英化和专业化。所有参赛的歌手都是专业歌手。

其次，与其他同是专业歌手竞技类节目不同，《歌手》的专业歌手选择更加苛刻，范围更加广。除了内地的顶级歌手之外，还包括来自台湾、香港、新加坡、马来西亚、哈斯克斯坦、欧美等地的顶级歌手。

再次，所有参赛的曲目都由专业编曲人操刀改编，现场表演的乐手、伴奏全都是音乐圈的大师级人物，如音乐总编梁翘柏。

最后，《歌手》现场的乐器、音响等器材都是顶级配置，一场节目录制下来费用达到千万元。

这些都是其他节目所没有的，更为重要的一点是在这种强强联合的情况下，呈现给观众的品质更为上乘。这就是《歌手》这个节目能连续五年成为爆品综艺的原因。

3.5.1.3 聚焦定价适中的爆品

爆品的定价不管是比同类产品高还是低，都要符合爆品定位与目标消费人群所能承受的价格范围相当，否则再好的爆品，也无法达到企业的目的。一款爆品，如果目标消费用户是高消费者，对价格并不敏感，爆品定价太低，这类人群就会下意识认为这款爆品达不到自己的标准；如果目标消费用户是低消费人群，价格定得太高，用户是根本不会去购买的。所以，一定要把目光聚焦到价格适中的爆品身上，这种适中就是“与目标消费”相适应。譬如苹果针对的用户是中高端收入阶层，小米针对的用户是中低端收入阶层。

3.5.1.4 聚焦竞争对手相对薄弱的爆品

如果选择聚焦的爆品与竞争对手的爆品没有任何区别，聚焦所产生的效应自然会大打折扣。所以，在爆品选择方面，一定要考虑到竞争对手做不到或者不够重视的爆品身上。

现在的手机大多注重性能上的表现，而忽略了实际的使用体验，特别是对于爱美的女性来说，手机自拍效果不理想一直是其苦恼的地方。手机拍照虽然越来越被各手机品牌所重视，但是一直没有拿出彻底的解决方案。而vivo手机的成功，正是抓住了竞争对手的薄弱之处——柔光自拍（见图3-29）。那么vivo的手机柔光自拍又比其他手机强在哪里呢？

图3-29　vivo X9Plus的“柔光双摄”功能

vivo的Moonlight柔光灯在LED的光源前增加了两层油墨，让光线更加柔和，并且把色温控制在4800K到5400K之间，保证光线的同时又不会刺眼。即使在暗光下自拍，也能使皮肤红润富有光泽、肤色均匀。Moonlight柔光灯仿真式影棚苹果灯，配合特有夜景美颜算法，在光线条件不佳的夜晚开启后，能让皮肤状态变得更自然，拍出的照片更好看。

聚焦的方式有很多种，比如目标消费人群的聚焦、爆品功能的聚焦、爆品成分的聚焦、爆品品类的聚焦等。不管是哪种方式的聚焦，企业只要具备了聚焦思维，找到适合自己的聚焦点，那么爆品打造成功的机会就会大上许多。

3.5.2　聚焦需遵守的原则

单是找到聚焦点还是不够，要想让爆品成为真正的爆品，还需要掌握两条执行的原则。

3.5.2.1　永远不要改变和下降既定的成果

业内经常出现这样一种现象：一些企业具备了聚焦思维，找到了适合自己的聚焦点，并且在一定时期内的销售量也非常不错，但都属于短期现象。一个真正的爆品，绝对不是一款只有短期效应的爆品，而是具备长期性、持久性。那么，造成爆品只有短期效应的原因是什么呢？有三大原因（见图3-20）。

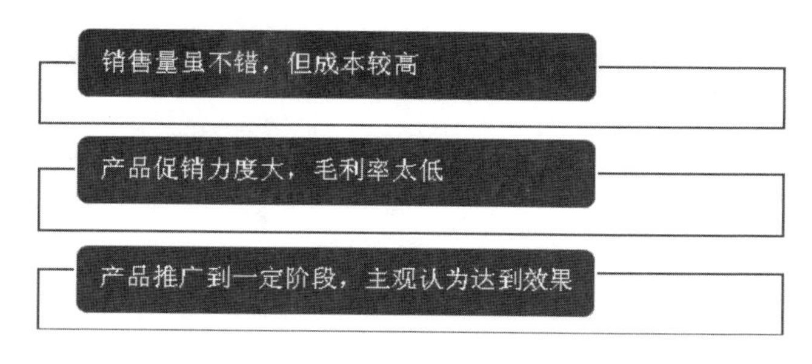

图3–30　造成爆品短期效应的三大原因

（1）所聚焦的爆品销售量虽不错，但成本较高。而企业为了达到自己的利润目标，就必须压缩成本，其缩减成本的手段一般是通过降低爆品的成分与包装上。因此，让用户感觉到爆品的品质在不断下降，因而改用其他爆品。

（2）所聚焦的爆品促销力度大，毛利率太低。企业通过大量的营销手段达到了销售目标后，就不愿意继续使用下去，从而让因促销而来的用户改用其他促销力度更大的爆品。

（3）所聚焦的爆品推广到一定阶段后，企业主观认为达到效果了，但实际上并没有。例如因促销而获得的销售量和用户量，企业被这些数据所迷惑，而未将促销的因素考虑到其中，就认为已经达到爆品的阶段了。当促销手段消失了，销售量就大幅度下降，用户也在大量流失。

3.5.2.2　围绕聚焦爆品持续不断地增加措施

有些企业自认为旗下的特色爆品很多，因此常常会在同一个时期内主推好几款爆品，或是缩短爆品的聚焦时间。一旦所聚焦的爆品在短期内业绩没有达到预期，就认为自己聚焦错误，中途随意更换聚焦爆品。结果爆品的目的未达到，却花费了不少的人力、财力和物力。用户天天看企业在做广告，推销爆品，但最后还是不知道企业的优势爆品是什么。企业需要明白，要让用户真正接受一款爆品是需要一个过程的，不能操之过急。

第4章　爆品设计，从0到1的爆红秘密

一项成功的爆品，应满足多方面的要求。这些要求，有社会发展方面的，有爆品的功能、质量、效益方面的，也有使用要求或制造工艺要求。而要满足这些要求，打造出一款成功的爆品，那么就需要经过精心的设计。从定位到形象，从关联介质到差异化，从个性到体验，都需要经过企业精心的设计。

4.1 定位明确：我就是我，不一样的烟火

一款成功的爆品绝对是独一无二的，绝对是在用户心中有特别的存在的。如果不能做到独一无二，没有属于自己的特色，那么这款爆品绝对是失败的。而要达到这个要求，企业进行爆品设计的第一步就是定位。

4.1.1 为什么要对爆品进行定位

为什么企业不管在做什么，要打造什么样的爆品，都在强调定位的重要性？原因有三（见图4-1）。

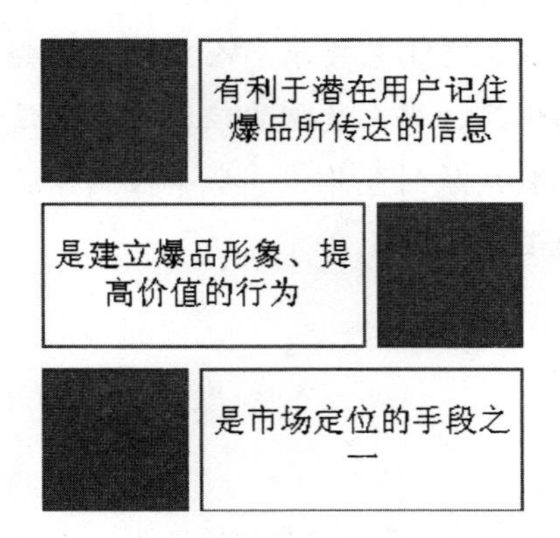

图4–1 爆品需要定位的三个原因

4.1.1.1 有利于潜在用户记住爆品所传达的信息

现在的社会是一个以信息为主的社会，用户每天都要接受海量的信

息，用户被信息包围，早已应接不暇。但科学家发现，人只能接受有限的信息，一旦超过临界点，脑子就会一片空白。因此，爆品如果想要被用户记住，就要压缩信息，实施定位。

4.1.1.2　是建立爆品形象、提高价值的行为

定位的提出与应用必定是建立在某种理论基础之上的，而这个理论基础就是爆品为什么要实施定位的根本原因（见图4-2）。

用户只看他们愿意看到的事物

•好的定位可以给用户美好的体验，让用户喜欢、愿意看到该爆品的信息

用户排斥与其消费习惯不相符的事物

•消费习惯有惯性，一旦形成就很难改变，定位有利于培养消费习惯，提高忠诚度

用户对同种事物的记忆是有限度的

•用户一般只能记住市场上的"第一、第二"，在购买时首先想到也往往是某些知名爆品，定位可以让用户记住爆品

图4–2　实施定位的三大理论基础

4.1.1.3　是市场定位的手段之一

再成功的爆品也不可能满足市场上所有用户的需要，因此只能根据情况选择具备优势细分市场。定位可以帮助企业确定哪个市场最有吸引力，能够得到最高的回报。

4.1.2　定位方法，合适的才是最好的

爆品定位的方法有很多种，每个企业都有各自适合的定位方法（见

图4-3）。企业在使用定位方法时，需要注意一点“好方法不在多，而在合适”。

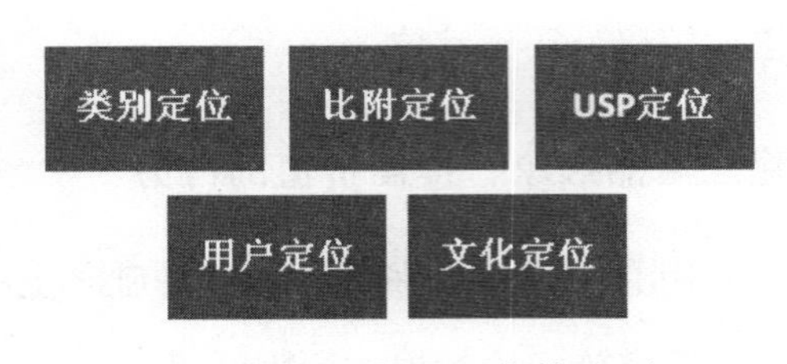

图4-3　五种爆品定位方法

4.1.2.1　类别定位

根据爆品的类别建立起品牌联想，称作类别定位。类别定位力图在用户心目中形成对该品牌等同于某类爆品的印象，以达到成为某种类型的爆品的领导品牌。当用户有了特定需求时就会立即想到该品牌。

七喜汽水的“非可乐”就是类别定位的经典代表（见图4-4）。可口可乐与百事可乐是市场的领导者，占据了市场绝对的份额，在用户心目中的地位非常稳固。而七喜的“非可乐”定位让其与百事、可口形成了对立的类别，成为可乐饮料的另一种选择。不仅让自己避免受到两大巨头的联手打压，还与两大品牌产生了联系，使自身处于和他们并列的地位。

图4-4　七喜

4.1.2.2 比附定位

比附定位是指以竞争爆品为参照，依附竞争者定位。比附定位的目的是通过爆品竞争提升自身爆品的价值与知名度。企业可以利用各种手段与同类型中的知名爆品建立一种内在的联系，让爆品迅速进入到用户的心智。

陌陌在做上市宣传时，就把自己列入了移动端社交媒体的第三名（见图4-5）。它没有直接与微信和QQ做比较，只是强调了自己属于移动端社交媒体的第三名，把自己归纳到社交媒体的第一行列，从而让投资者拥有了“陌陌既然能排在QQ和微信之后，想必用户和收益也不赖”的心理印象。

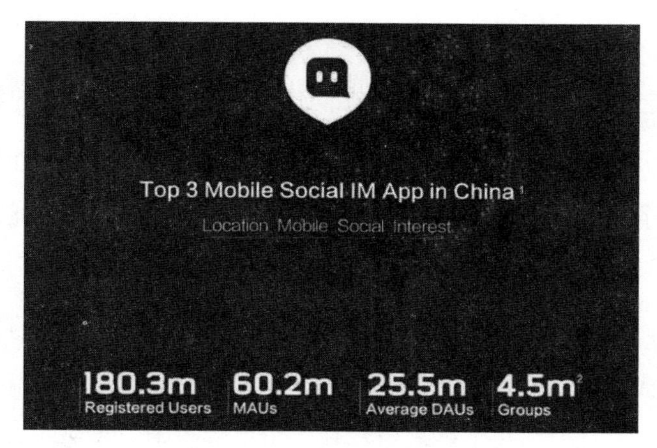

图4-5 陌陌在上市计划书中把自己定位为中国移动社交软件第三名

很多企业都使用过比附定位法，且都获得了不小的效果。但其中也不乏失败的案例。其失败的原因主要是这些企业没有掌握好尺度，就像是乐视1S也采取了比附定位法，宣称“干掉小米，秒杀苹果”，太过夸张的言语只会给用户留下狂妄与炒作的不良印象，绝不会就此成为爆品。

4.1.2.3　USP定位

什么是USP定位，百度百科上是这么解释的：“独特的销售主张或是独特的卖点。”意思就是找出爆品独特的特点，然后传播出去，并在用户面前反复强调。USP定位包括三个方面的内容（见图4-6）。

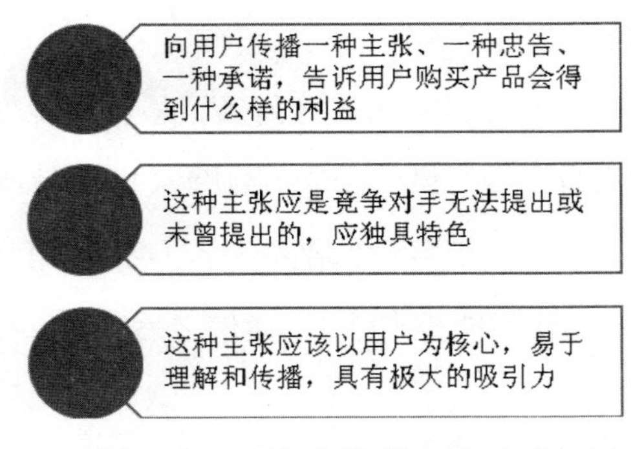

图4-6　USP定位的三个内容

USP定位可以让企业的爆品在同质化现象下突出自己的特点与优势，让用户按照自身偏好与对某一个利益点的重视程度，将不同爆品在头脑中排序，置于不同的位置，然后在有相关需求时，迅速地选择企业的爆品。

例如，小米的独特销售主张是“高性价比”；OPPO的独特销售主张是“充电5分钟，通话2小时”；vivo的独特销售主张是“音乐手机”。这些爆品的销售主张都储存到了用户脑海中，希望买到高性价比手机的用户就会选择小米，希望充电速度快的用户就会选择OPPO，希望高音质的用户就会选择vivo。

4.1.2.4　用户定位

是指根据爆品的目标用户做定位，其操作方法是先按照爆品与某类用户的生活形态和生活方式的关联作为定位的基础，深入了解目标用户希望得到什么样的利益和结果，然后针对这一需求提供相对应的爆品与利益。

例如海尔推出自己的手机时，为了体现企业国际品牌的形象，提出了“听世界，打天下”的诉求。现在的科学技术发达，手机在品质上的差异越来越小，要想成为爆品只能从用户感觉上入手。海尔瞄准的正是在都市中奋斗的年轻人，而这些人都是满腹豪情，希望通过自己的努力能打下一片天。所以“听世界，打天下”的爆品定位综合了用户和海尔企业形象的特点，即传达了海尔的国际感，又兼顾了目标市场的需求（见图4-7）。

图4-7　海尔的部分手机

4.1.2.5　文化定位

把某种文化内涵植入到爆品之中形成文化上的差异，称为文化定位。这不仅可以极大地提升爆品的形象地位，还可以让爆品形象独具特色。就像我们在星巴克、在麦当劳时，不只是在满足口腹之欲，同时也在进行一种代表美国文化的消费。这种消费就是代表了一种文化的象征、身份与观念。

4.1.3 重新定位，重构用户观念

重新定位是指企业对已在用户心目中确定了某种观念进行重构，改变用户原有的认知，为自己的爆品争取有利的市场地位的一种手段。就像是苹果用智能重构了用户对手机的观念，从而让自己成为了爆品。

4.1.3.1 先确定原因再进行重构

重新定位是爆品适应市场环境，调整市场营销战略的必不可少的一部分。那么，企业在什么情况下要对自己的爆品进行重新定位呢？如若发生以下三种情况就需要对爆品进行重新定位（见图4-8）。

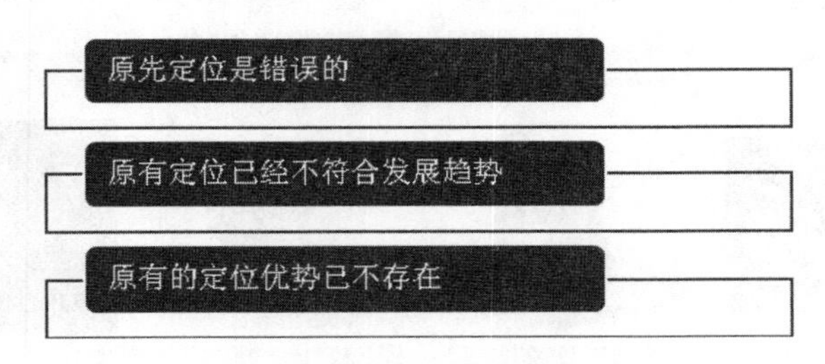

图4-8 爆品需要重新定位的三大原因

（1）原先定位是错误的。爆品在进入市场之后，市场反应冷淡，没有达到预期目的。此时，企业就应该对爆品进行诊断，对市场进行分析，如果是定位错误所致，那么就要进行重新定位。

（2）原有定位已经不符合发展趋势。在爆品发展的过程中，原有定位可能会成为制约因素，对爆品的形成产生阻碍，又或是由于外界的变化，原先不可能成为爆品的产品获得新的市场机会，但原来的定位与

外界已不相符，因此企业需要对爆品进行重新定位。

（3）原有的定位优势已不存在。随着市场的发展，爆品原先的优势可能会丧失，而建立在原先优势上的定位也就不复存在。如果企业不改变定位，原先的定位越有优势，其后来受到的压力就会越大。

例如苏宁，其原先的定位是传统零售业，行业地位数一数二，当时的定位是符合传统商业时代的。但是随着互联网的发展，传统企业不断受到冲击，苏宁作为传统行业的佼佼者更是首当其冲。为了适应发展，躲过互联网的冲击，苏宁电器改变了自己的定位，从传统零售企业改为互联网零售企业，往互联网方向发展（4-9）。结果证明，重新定位不但让苏宁躲过了冲击，更让其登上了一个新的发展高峰。

图4-9　苏宁易购

4.1.3.2　六个步骤，重新定位完成

重新定位是一个非常庞大的工程，不是说改变就改变。因此，企业在重新定位时，一定要慎重考虑并充分掌握定位的技巧。企业可以按照

以下六个步骤进行（见图4-10）。

图4-10　重新定位的六个步骤

第一步：找原因。爆品需要重新定位的原因有很多，因此，企业需要重新认识市场。从爆品的销售情况、爆品所处行业的竞争情况、用户的消费观念变化、企业的发展战略等角度进行分析，找出到底是哪个因素导致了产品未能成为爆品，需要对爆品进行重新定位。

第二步：评形式。找出原因后，企业就要对爆品当前所面临的形式进行评估。评估依据主要来自于用户调查，其内容主要包括了几点（见图4-11）。最后再根据评估结果对现在的形势做出总体评价。

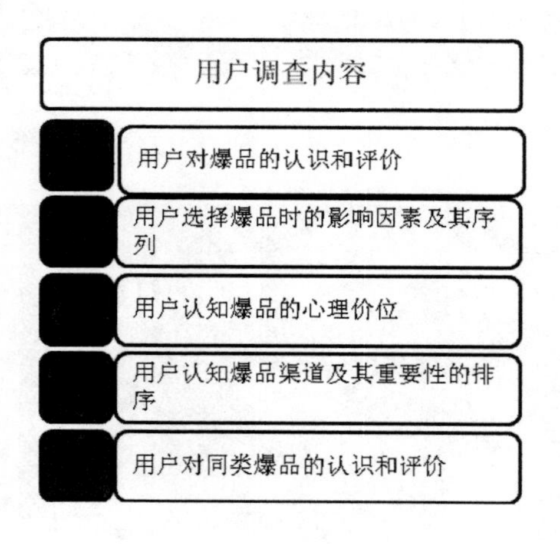

图4-11　用户调查内容

第三步：分市场。每个爆品，都有它的目标用户群。企业可根据用户特点划分用户群，每种用户类型就是一个细分市场。企业按照细分市场的特点来把握重新定位的方向。

第四步：定结果。在确定了目标用户与细分市场后，企业还需对此作进一步分析。譬如对目标用户的生活方式、价值观念、消费观念、审美观念等进行深入的定位调查，以保证新定位的准确性。

第五步：做测试。爆品在进行重新定位时，需要制订几个不同的方案，一一投放市场进行测试，根据目标用户的反应，来确定最佳的方案。

第六步：广传播。确定了新定位后，企业就要为爆品制订新的营销方案，将爆品的新信息传递给用户，并不断地进行巩固与强化，让新的爆品定位形象深入用户心智，重构用户的观念，取代固有定位。

4.2　形象力决定爆品畅销力

一个强有力的形象不止能够表达一个企业的内在凝聚力与精神，更能为用户所接受，同时也是营销的关键所在。形象打造得越好，爆品的销售力就越强。一个爆品如果没有一个强有力的形象识别系统，那么它的营销也是绝对无力的。所以，别认为只有企业、只有品牌才需要打造形象。爆品它能成就企业，更能成就一个品牌，所以它的形象在一定程度上也代表了企业的、品牌的形象。

4.2.1　形象对爆品的三大助力

具有鲜明个性的爆品识别形象能够帮助企业用最低的成本、以最快的速度打开市场，抢占用户心智，是让产品成为爆品的有效策略。具体来说，形象打造可以对企业打造爆品带来以下三个方面的助力（见图4-12）。

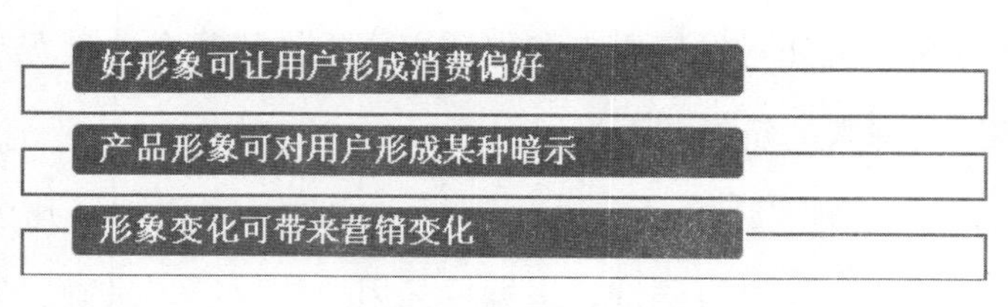

图4-12　形象打造对爆品的三大助力

4.2.1.1　好形象可让用户形成消费偏好

有没有一个好的形象，是衡量一个产品能否有好的销量，能否成为爆品的评价标准之一。成功的爆品形象，是企业根据爆品的战略部署而精心设计出来的，能让爆品更容易被用户接受与认同，最终形成消费偏好，对爆品形成狂热的追求。一旦用户对某个爆品形象产生偏好，当有需求时，就会第一时间购买该爆品，而且这种购买是持续性的。

苹果手机的形象打造就很成功。用户只要看到这个缺了口的苹果，就会想到苹果手机（见图4-13）。如果最近有购机需求，就会将苹果手机作为自己的第一选择。

图4-13　苹果标志

4.2.1.2　爆品形象可对用户形成某种暗示

信息传播过于分散是这个时代的特色，这对于企业打造爆品极其不利，但爆品形象的识别体系可以有效解决这个问题。企业可以通过形象对用户形成某种暗示，让用户下意识地去认可并购买这款爆品。一个好的爆品形象必然有一个极具价值性的品牌主张，例如功能、情感、自我表现上的价值，这些价值有助于拉近爆品与用户之间的关系，让爆品与用户进行更多的互动沟通。

譬如微信朋友圈的形象标志就打造得非常成功，用户一看到它（见图4-14）就能想到微信朋友圈，就会想到我最近是不是很久没登录微信了，没去朋友圈看看状态了。而这，就是微信用户活跃度极高的原因之一。

图4-14　微信朋友圈形象标志

4.2.1.3　形象变化可带来营销变化

爆品形象的表现形式是不断发展变化的，是随着时代、市场、目标用户喜好、爆品自身的发展而改变的。

譬如美团外卖的形象，在刚推出市场时，其形象是“一碗饭”，战略意义是满足用户的口腹之欲。随着市场的变化、自身发展的成熟、战略意义的提升，其形象从“一碗饭”变成了“袋鼠”（见图4-15）。而跟随着形象的变化，美团外卖的营销手段也发生了变化。宣传推广的核心从以往的重味道、重范围，变成了重速度。

图4-15　美团外卖新形象

4.2.2 VI：由眼入心的视觉形象

VI，是CIS系统中最具传播力与感染力的层面，是形象打造中最重要的环节，它是将非可视化内容转变为可视化的视觉识别符号，利用视觉让爆品形象得到最直接的传播。

4.2.2.1 VI视觉设计的三大原则

每个爆品的形象的VI视觉设计手段都是不同的，但无论存在多大差异，其需遵守的基本原则都是一致的。主要包括以下三个方面（见图4-16）。

统一性

- 爆品形象的对外传播需要有一致性与一贯性，需要在设计时用完美的视觉一体化设计
- 把爆品视觉形象传达的信息和用户对爆品视觉形象的认识个性化、明晰化、有序化
- 保持各大传播媒体上的形象统一性

差异化

- 在用户心中，不同行业的爆品都有专属的行业形象特征
- 突出与同类爆品的差异性

审美性

- 强烈的视觉冲击力，且形式完美、装饰性强、创意独特，使人赏心悦目，让用户在愉悦中牢记其爆品含义
- 更能贴近用户的生活，有强烈的亲和力，让用户喜欢、耐看、易认、易记
- 能广泛应用于各种传播媒体，能有效引导大众的审美观念，领导视觉艺术的时尚潮流

图4-16 VI设计三大原则

4.2.2.2 VI设计的技巧

这是一个涉及实际操作的过程，很多人认为很难，其实只要掌握了技巧，再加以实践打磨，就是非常简单的事。其主要的内容包括以下几个方面。

第一，标准色。是指用来代表企业或爆品特性的专用色彩。标准色有三大特点，分别是科学性、差别性、系统性。企业可以根据这三个特征制订一套开发作业的程序，以便后期规划活动的顺利开展。其内容包括四个阶段（见图4-17）。

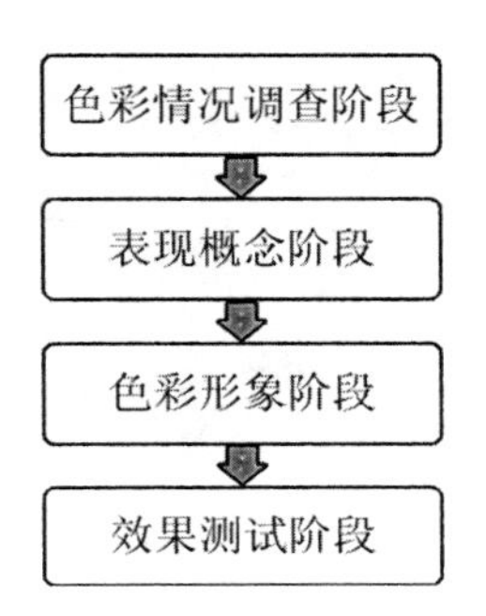

图4–17　标准色的开发程序

需要注意的是，标准色的设计应具备单纯、明快的特点，以最少的色彩表达最丰富、最精准的爆品信息，其主要内容包括五大表现特征（见图4-18）。

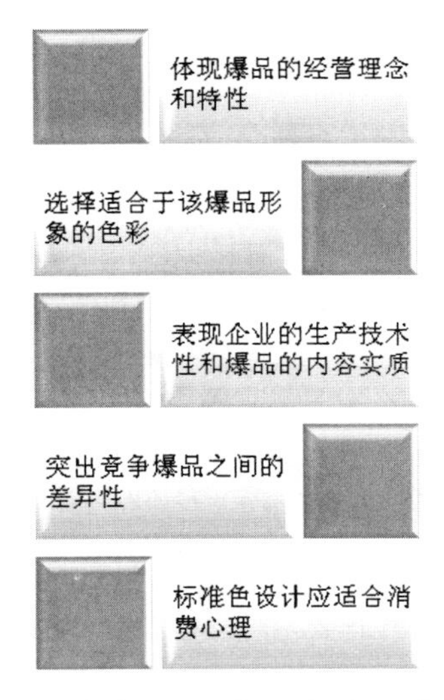

图4–18　标准色的设计理念的五大表现特征

知乎的标准色设计就具备了上述特点，蓝色是知乎的标准色（见图4-19）。该颜色有三种含义：一是有博大的理念，与知乎分享博大精深的专业知识不谋而合；二是永恒的象征，而知识也是永恒的；三是具备理智、理性的意义，与知乎传达的准确、客观的专业知识相符。

图4-19　知乎的标准色“蓝色”

第二，特形图案。是象征爆品的理念、品质、服务精神的富有自身特色与纪念意义的具象化图案。一般是图案化的人物、动物或植物。比如肯德基爷爷、三只松鼠的松鼠。特形图案以特定的造型给用户造成强烈的记忆印象，使之成为视觉的焦点，以此来塑造爆品识别的符号，直接表达出爆品的理念。在设计形象图案时应按照以下两点进行（见图4-20）。

个性鲜明：图案应富有地方特色或具有纪念意义，选择图案与爆品内在精神有必然联系

图案形象应有亲切感，让人喜爱，以达到传递信息、增强记忆的目的

图4-20　特形图案设计应达到的要求

例如三只松鼠的形象图案设计就达到了以上两点要求（见

图4-21），三只松鼠卖的是干果类的食物，而松鼠最喜欢吃的就是这类食物，两者不谋而合。同时，三只松鼠走的是可爱、卖萌的路线，松鼠可爱的外形正好达到了这一要求，符合许多爱吃干果的女性用户喜欢小动物的心理。

图4-21　三只松鼠特形图案

第三，象征图案。又称为装饰花边，是视觉识别设计要素的衍生与发展，与标志、标准色是辅助的关系。它的存在是为了加强爆品形象的诉求力，让视觉图案的内容变得更加丰富、完整且更具识别性。象征图案一般具有以下几种特性（见图4-22）。

烘托形象的诉求力，使标志、标准字体的意义更具完整性，易于识别

增加设计要素的适应性，使设计要素更具表现力

强化视觉冲击力，使画面效果富于感染力，最大限度地创造视觉诱导效果

图4-22　象征图案需具备的三大特征

第四，品牌标识。在设计标志时，企业就应具备战略高度，标志一

定得具备包容性，这样才能为爆品的长远发展提供延伸的空间。标志设计需要达到以下几个标准（见图4-23）。

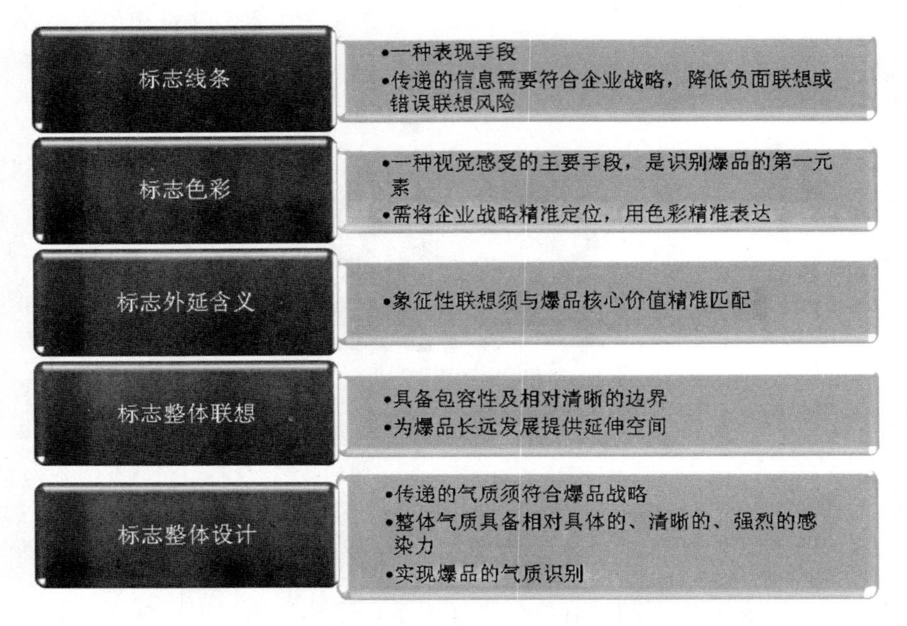

图4-23　标志设计需达到的标准

4.2.3　MI：统一又独立的理念文化

理念识别代表了一种鲜明的文化价值观，对外它代表着爆品识别的尺度，对内它代表着爆品内在的凝聚力。

4.2.3.1　理念设计需遵守的原则

理念设计，是对爆品形象的进一步提升，目的是让爆品有着更强的识别力与认同力。因而在设计时，需遵守以下几点要求（见图4-24）。

个性化原则

•是指理念设计时应展示出爆品的独特风格与鲜明个性，从而以显示出与其他爆品的差异性

精炼性原则

•是指在理念设计时应遵循的简洁明了和高度概括的原则

民族性原则

•是指企业在进行理念设计时，必须充分考虑到民族精神、民族习惯、民族文化，体现民族形象

多样化原则

•是指在爆品形象的宣传语言结果上，表达方式上，活动宣传的设计上都要丰富多彩

图4-24　理念设计需要遵守的四大原则

4.2.3.2　MI设计的基本内容

爆品理念设计包含的内容有很多，每个爆品都可以根据自身的特色来设计理念，但有三个方面的内容是绝对不能少的。

首先，经营宗旨的提升。每个爆品都有自己的经营目的，只是内容有所不同，设计时应包括以下几个方面的内容（见图4-25）。

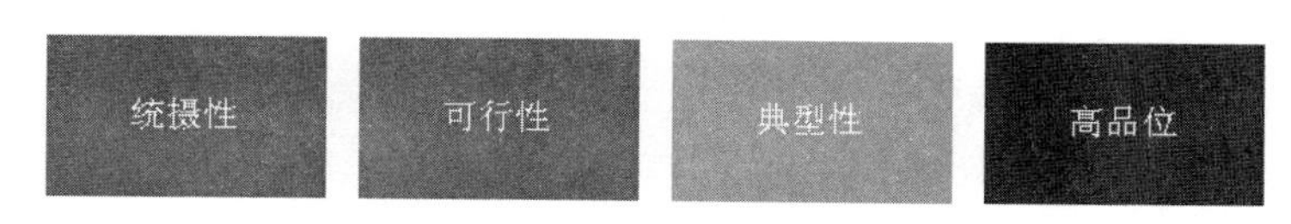

图4-25　经营宗旨设计的四大内容

其次，经营方针的制订。它是具体化、明晰化的经营宗旨和最高目标，也是爆品运行最高原则的系统化。要将经营方针成功地融入到爆品形象中，其必须包含以下特点（见图4-26）。

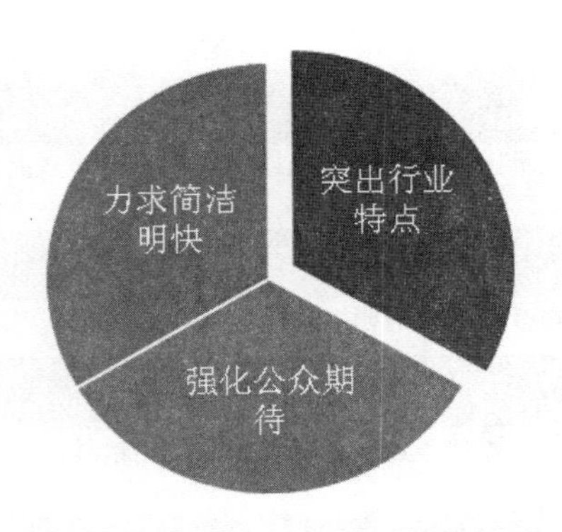

图4-26　经营方针的三大特点

最后，价值观的统筹。是指其经营行为的全部看法与评价的标准体系，是爆品精神理念在其具体经营行为涉及的领域中的体现。在设计爆品理念时，需要统一完整的价值观，主要包括以下几点（见图4-27）。

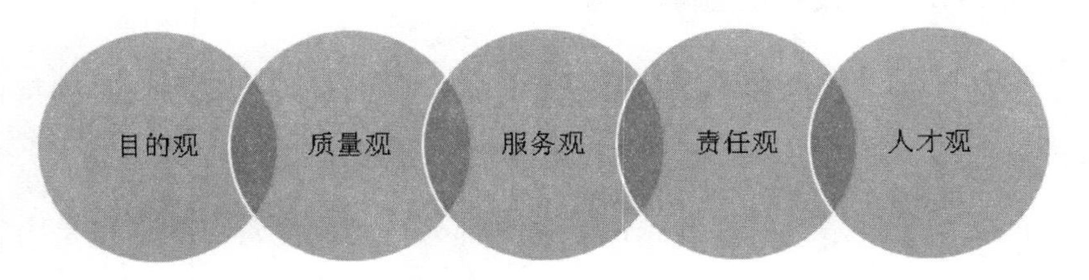

图4-27　爆品价值观的五大内容

4.3　寻找关联介质，引起用户共鸣

企业常常想到一个新东西时自己嗨到不行，但却忘记了思考这个点与爆品、与用户的关联性有多强。打造强关联的G点，需要做到以下几点。

4.3.1　找到爆品与用户的关联介质

在设计爆品时，企业需要找到爆品与用户之间建立关联的介质，这个介质能够吸引用户对爆品关注，并对爆品产生兴趣。这个介质可能是以下三种（见图4-28）。

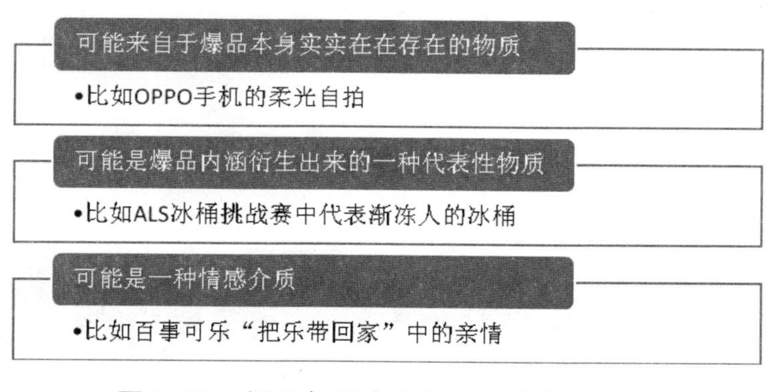

图4–28　爆品与用户之间的三大关联介质

4.3.2　关联介质的可视化

在寻找并利用介质的过程中，企业还需要注意这个介质的可视化。可视化的事物更容易被用户所感知、公开讨论和传播。如果企业无法从爆品中提炼出与用户产生强关联的介质，那么就需要运用以下三种方法将关联介质可视化（见图4-29）。

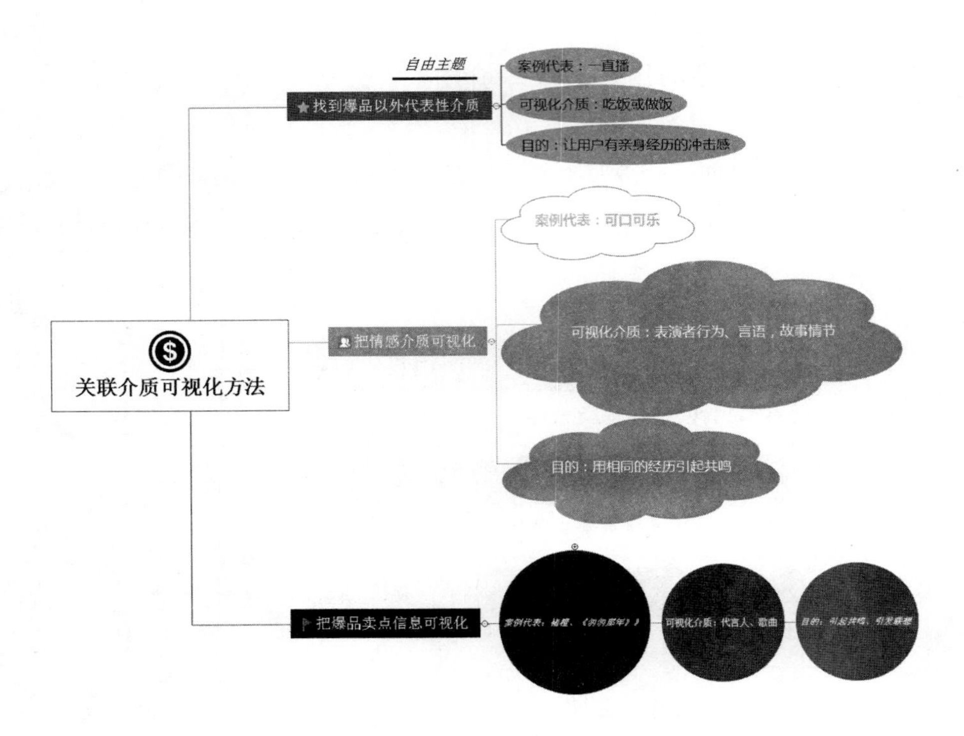

图4-29　关联介质可视化的三大方法

4.3.2.1　找到爆品以外代表性介质

找到爆品以外的一种实实在在的介质，用这种介质来代表爆品的内涵，用户一看到该介质时就能够把爆品内涵可视化。

比如一直播的“爱心一碗饭”，如果只是像其他慈善活动一样，只利用明星的名气做宣传，那么用户的感知程度肯定会大大下降。但是一直播在该活动中找到了“吃饭或做饭”这个可视化的介质，让用户能够直观感受到山区孩子没饭吃的痛苦。活动带给用户的心理冲击就如同自己亲身经历一样（见图4-30）。

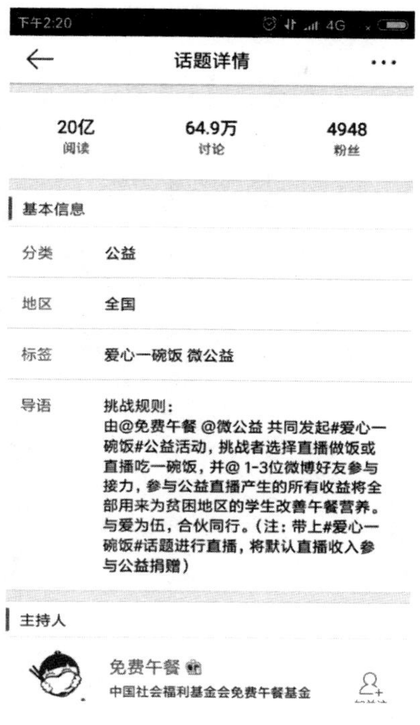

图4–30　一直播“爱心一碗饭”

4.3.2.2　把情感介质可视化

把情感介质可视化，是指用用户的某些言行举止或是某些物品来代表这种情感。

比如百事可乐“把乐带回家”中提炼出来的“亲情”这种情感介质（见图4-31）。通过表演者的言语、行为、故事情节的展示、百事可乐物品的出现，把这种“过年想要回家团圆”的心理直观地表现出来。对于每一个在外工作的人来说，在观看视频时都能直观地浮现自己每年过年回家的一些经历，引起强烈的共鸣。

图4-31　百事可乐“把乐带回家2017”

4.3.2.3　把爆品卖点信息可视化

故事、音乐、代言人是可视化最好的方法之一。是指把爆品卖点等重要信息，利用以上的介质直接展示在用户面前。故事、音乐、代言人有着易于传播、承载信息丰富的优点。

褚橙之所以成为爆品，就是因为把褚橙的品质与褚时健的个人故事完美地联系在一起，从而引起了用户的共鸣。例如电影《匆匆那年》，把电影的情感、情节融入到歌曲《匆匆那年》中，让用户收听歌曲时就会想到电影《匆匆那年》，从而走进电影院观看（见图4-32）。例如OPPO手机邀请杨洋、李易峰、杨幂等人代言，让用户看到这些代言人就想到了OPPO手机。

图4-32 《匆匆那年》歌曲和电影

4.4 差异化战略：你卖大苹果，我卖红苹果

在信息化的商业时代，一个成熟的爆品市场，再丰厚的资源也难以避免同质化的竞争。让用户在同质化的爆品中做出选择，成为了成功打造爆品的关键，而差异化无疑是最好的方式之一。用户只有看到了你与其他爆品的差异点，才会选择你，你的爆品才有可能获得成功。那么，如何让自己的爆品具备差异化？如何理解这个差异化？就是大家都在卖大苹果，那么你就要卖红苹果；如果大家卖红苹果，那么你就要卖甜苹果；如果大家卖甜苹果，那么你就要卖栖霞苹果。

4.4.1 在爆品核心层次上实施差异化

在爆品的核心层次上，通过技术创新与爆品功能的系列化，对爆品进行差异化定位。

4.4.1.1 技术创新

爆品差异化是技术创新的表现形式，因此，企业一定要在这方面加大投入，时刻关注世界科技与同行业科技的发展动态，看其是否能运用到企业打造的爆品身上。利用科技给用户从未有过的体验，是最好的差异化方式。多数爆品的成功都是利用技术创新，譬如苹果手机。

4.4.1.2 功能系列化

功能系列化是指根据用户需求的不同，提供不同功能的系列化爆品给用户，让用户根据自己的需求选择系列化中的某款爆品，如增加一些功能与配置就变成高档品，减掉一些功能和配置就变成中、低档品。用户可以根据自己的习惯与消费承受能力选择具有相应功能的爆品。

手机与电脑行业最常使用这种手段，如戴尔电脑。戴尔一款电脑就有好几种，价格也是依配置的不同而有所不同。比如燃7000这款笔记本，推出不久就成为了爆品，甚至一度卖断货，原因之一就是戴尔进行了功能系列化的差异化打造（见图4-33）。这款爆品总共有9种型号，配置不同，价格也不同。例如溢彩金i7处理器、8G内存容量、硬盘容量128G加1T的价格是6599元；而i5处理器、4G内存容量、硬盘容量128G加500G的只卖4999元。戴尔电脑就是通过这种功能系列化的方式给用户提供爆品，用户可按照自己的需要选择。

图4-33　戴尔的功能系列化

4.4.2　在爆品形式层面上实施差异化

企业可以在爆品的形式层面上实施自己的差异化战略，譬如通过优化爆品形象、提高质量、美化包装等具体的方式进行（见图4-34）。

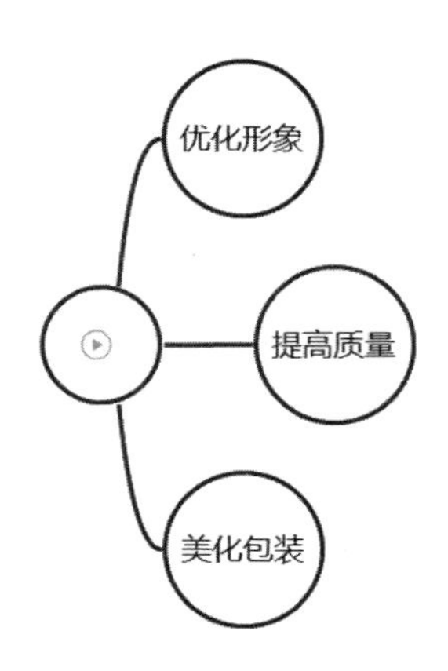

图4-34　爆品形式层面的三大差异化方法

4.4.2.1 优化形象

形象虽然处于爆品的形式层面，但对于爆品的意义已经不止是区别其他爆品的作用，它是爆品差异化的外在表象。爆品形象可以让爆品在众多的同类爆品中引起用户的关注，使用户产生购买欲。在这个过程中，企业要通过各种手段不断地提升和塑造爆品形象，突出个性，创造爆品形象差异优势。

4.4.2.2 提高质量

质量不仅包含着爆品的适用性、耐久性、可靠性、安全性和经济性等自然属性，还包括了社会属性，譬如用户的主观感受，满足用户特定需要的能力与预期之间的差距等，质量的社会属性对于爆品的差异化具有非常重要的作用。

4.4.2.3 美化包装

对爆品的包装进行美化，可以提高用户的视觉兴趣，并由此激发用户的购买兴趣。包装也是形成爆品差异化、促进销售的有效手段。有不少企业在包装上花尽心思，其目的就是希望通过包装与其他同类爆品区别开来，以便用户更好地记忆。

就像是探鱼。中国的烤鱼品牌有几百甚至上千种，为什么只有探鱼成了为数不多的爆品？就是因为它在店铺包装上下了极大的工夫。与其他烤鱼品牌的简单装修不同，探鱼走的是20世纪80年代的复古风。老式的收音机，80年代风格的桌椅……处处都彰显着探鱼与其他烤鱼品牌的不同之处（见图4-35）。

图4-35　探鱼的装修风格

4.4.3　在爆品附加层上实现爆品差异化

在爆品的附加层上，从服务差异化、价格差异化、分销渠道差异化、促销活动差异化等方面，更好地满足用户需要，从而实现爆品的差异化，最后成为爆品（见图4-36）。

图4-36　爆品附加层的四大差异化战略

4.4.3.1　服务差异化

在市场竞争的过程中，随着科技水平的提高与竞争的加剧，企业之间的跟风潮越来越严重。所以，爆品同质化的倾向也越来越明显，同类爆品在功能、质量、样式等方面的差距越来越小。

要避开这种情况，可以从服务上入手。因为服务的提升是没有止境的。企业可以从服务入手，来提高用户的满意程度，从而产生用户忠诚。最后达到在服务中实施爆品的差异化的目的。需要注意的是，企业必须不断扩大服务层面，不仅要重视售前、售中、售后等一直强调的服务，咨询、技术指导等方面也要给予充分的重视。

在这一点上海底捞一直被奉为行业楷模。与其说海底捞卖的是食物，不如说是卖服务更为正确。火锅是中国最受欢迎的食物，各大城市的火锅店随处可见。那海底捞是如何从这个火锅蓝海中脱颖而出呢？靠得就是其不同于其他火锅品牌的服务。

售前等餐有免费的吃食、护甲、擦鞋等服务（见图4-37）；售中服务员更是时时关心，甚至还会帮助用户照顾小孩，让用户能够安心吃饭；售后更有赠送停车费用、赠送小礼品等服务。海底捞提供的服务还有很多，且是很多火锅品牌无法提供的。这就是海底捞为什么能成为爆品的原因所在。

图4-37　海底捞的特色服务

4.4.3.2 价格差异化

价格差异化是在充分考虑爆品差异、用户需求差异、时间差异、地点差异的基础上，以不反映成本费用的比例差异而制订不同的价格。比如企业对不同型号或是形式的爆品分别制订不同的价格，而不同型号或形式爆品的价格之间的差额与成本费用之间的差异并不成比例。价格差异化是爆品差异化的重要市场表现形式之一。因此，企业可以通过价格的差异化来反映爆品的差异化，最后实现爆品目的。

4.4.3.3 分销渠道差异化

分销渠道差异化是指在同类爆品中根据自己的爆品差异和企业的优势，选择合适的销售渠道，以方便用户购买。企业可以在交易地点、空间距离、交易方式、结算方式、服务方式等方面为用户提供全方位的便捷服务。

4.4.3.4 促销活动差异化

爆品差异化对用户的偏好具有特殊的意义，特别是对购买次数不多的爆品。用户对新爆品的性能、质量、款式等不是很了解，如果想要成功打造爆品，企业就必须实行促销差异化。企业可以通过对广告、销售促进、人员促销以及公关宣传活动等方面进行有效的整合，给用户留下正面的主观形象。

秒拍之所以能成为爆品，成为国内最大的短视频平台，与其促销推广的差异化手段分不开。

首先，秒拍借助微博平台复制话题，增强声量，提高活跃度。从秒拍与新浪微博达成战略合作之后，秒拍无疑就拥有了先天的广告优势

（见图4-38）。

图4-38　秒拍是新浪微博官方认证短视频应用

其次，明星参与，增强媒体属性，吸引亿万粉丝关注。短视频应用刚开始多是以工具属性为自己背书，少数兼具了社交属性。而秒拍除了工具与社交属性，还有其他短视频应用难以比拟的媒体属性。这一属性主要是依靠明星建立起来的。秒拍前后吸引了黄晓明、杨幂、TF-BOYS、贾乃亮、白百合等上百位明星的参与，这些明星都是微博的活跃用户。

秒拍充分发挥了新浪微博第三方平台的优势，通过明星带动普通用户形成矩阵式的推广，实现了爆品促销形式上的差异化，形成了爆炸式的影响力增长。

4.5 个性化：别让用户说“太普通了！”

2016年年初，谷歌应用商店上的应用数量超过了110万个；同年6月份，苹果应用商店的应用数量超过120万个，而且每月以6万的速度在增长。那么，在如此庞大的应用市场中，一款APP如何才能被用户看到，才能成为爆品呢？除了基本的外观时尚、架构合理、逻辑清晰等要求外，还需要具备一个重要的因素——个性化。

4.5.1 个性化推荐是爆品个性化最好的表达

大部分的互联网爆品都有个性化推荐功能，这是为了提高用户在爆品的停留时间或提高爆品的点击率。企业通过对用户行为数据进行分析，描绘清晰的爆品定位以及用户画像，最后再结合爆品进行个性化内容推荐。实质上，个性化推荐就是将沉淀的碎片化信息进行再分类，过滤后再组织定向输出。

4.5.1.1 让用户感到这款爆品“懂我”

不同的爆品对用户有着不同程度的吸引力，所谓的高质量与低质量其实都是主观性的，评价的评判标准是用户的自身感受。就像一部电影，有的人认为好看，有的人认为不好看。所以说，对于内容的质量没有绝对的衡量标准。因为用户的需求和观点是不同的，爆品符合某一类特征用户的需求，并不代表就符合了另一类用户的需求。一款爆品再好，也不可能满足所有用户。所以只针对某类用户产生内容，让用户感到“这款爆品懂我，知道我需要的是什么”即可。

在这一点上，网易云音乐一直做得很出色。网易云音乐进入市场较晚，但却凭借好口碑在进入音乐市场不久后就成了爆品。它不仅仅是依靠着优异的用户体验与音乐评论社区，还因为它推出了音乐个性化推荐算法（见图4-39）。用过网易云音乐一段时间的用户，都会产生这款爆品实在“太懂我了！”的感觉。大部分的音乐类APP都做了推荐，但是有些APP给用户感觉推荐的口味越来越窄，品味都差不多，而网易云音乐却不会。

图4-39　网易云音乐的“个性推荐”

网易云音乐在用户UGC歌单、推荐算法、用户关注、社区等四大模块基础上，筛选了适合用户口味的更多歌曲，以此来扩大用户的喜好范围，以此来保持用户对自己的新鲜感。同时网易云音乐还在小众音乐的推荐上下工夫，满足用户追求新鲜、文艺的心理。唤起用户在爆品上的情感反应，让用户感觉“懂我”，这样自然就增加了用户对网易云音乐的依赖与认同。

4.5.1.2　长尾效应中的过滤器法则

个性化推荐，可以帮助用户在长尾中找到合适的爆品，把最合适的服务呈现在眼前。譬如网易云音乐的资源曲库中，有80%的歌曲都是冷门小众，听众较少。那么，它又是如何推荐给用户的呢?

其实很简单，就是把这部分歌曲掺入个性化推荐，推荐给20%定位高端、用户黏度高的小众音乐爱好者，利用这些用户的收藏、推荐行为过滤优质歌曲，再将这部分偏小众的歌曲推荐给80%的普通大众，发挥长尾效应的尾部效应，网易云音乐对用户的吸引力得到了极大的提高。

4.5.2　个性化信息处理与表达

个性化是具有个体特性的需求和服务，它是建立在大众化的基础上的，同时又与大众化需求区别开来。对于互联网爆品来说，个性化需要解决两大问题：一是个性信息的归集与分析；二是爆品对个性属性的表达。

个性信息就是指用户的信息，包括性别、年龄、喜好，自我认知、地域、社交网络、性格特征……

爆品对于个性属性的表达需要细化到每一个细节当中。譬如网易云音乐，它在细节方面就做得很完美。网易云音乐的细节处理可以分为三个方面（见图4-40）。

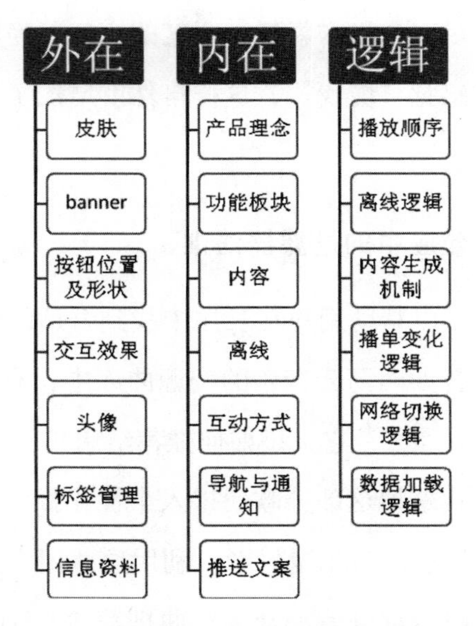

图4-40　网易云音乐的三大细节层面

4.5.3　再有个性也离不了内容

内容是最根本的东西，所有的个性化设计都应该围绕内容进行。界面再唯美、文案再戳人、运营再完善，如果没有高质量的内容也是走不长远的。

就像是爱奇艺、腾讯等视频类爆品，它们想要成为爆品并且持续走下去，就需要产生更齐全、更优质的视频节目。喜马拉雅FM、企鹅FM也需要更多高质量的PGC内容，以及严格质量管控而产出的UGC才能生存下去。这是一款爆品生存的基础，要想成为个性化的爆品，首先就要把内容做好。

4.6　把用户体验变成KPI

我们可以发现这样一个问题：“当我们描述事物、探讨问题时，合理的量化能够让人更容易理解，也能让交流更加顺畅”。比如你要描述一首歌很好听时，你说“单曲循环了一小时”比“很好听”会更到位。虽然说数字不能代表全部，但却更能让人理解一首歌的好听程度，以及你对它的喜爱程度。同理而言，对于用户体验，是否也可以进行量化呢？答案显然是肯定的。把用户体验变成KPI，是提高爆品体验最好的方式。

4.6.1　什么是KPI

KPI到底是什么？其实就是我们业绩考核时常用的关键绩效指标，是通过对组织内部流程的输入端、输出端的关键参数进行设置、取样、计算、分析，是用来衡量流程绩效的一种目标式量化管理指标。销售、营销、财务上的KPI的量化较为简单，而用户体验的KPI量化难度较大。因为交互与体验的效果一般是在用户的行为与态度上反映出来，而这些是很难用具体数字来描述的。不过，可以通过持续的跟踪观察来了解爆品在易用性上的变化幅度。企业一般会通过定性与定量两个类型的KPI对用户体验进行评定（见图4-41）。

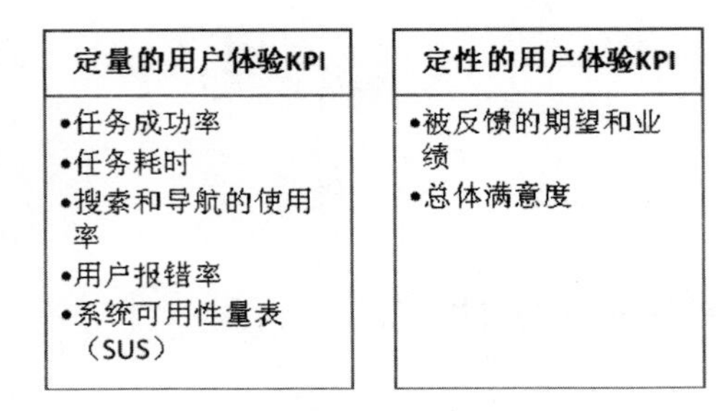

图4-41　用户体验的两大KPI评定方式

4.6.2　如何对每个KPI进行测量

KPI测量是一个非常重要的内容，如果测量结果不准确，就会影响爆品的改进结果。虽然这项工作较为复杂繁琐，但只要掌握了技巧也可以变得简单。企业需要测量的KPI主要包括以下几个。

4.6.2.1　任务成功率

它是指正确完成任务的用户所占的百分比，是反映用户正确有效完成某些任务的常见指标。只要任务有明确的目标，例如完成用户登记、完成购买行为，企业都可以对它的任务成功率进行测量。不过，企业在进行计算时，需要注意以下几点（见图4-42）。

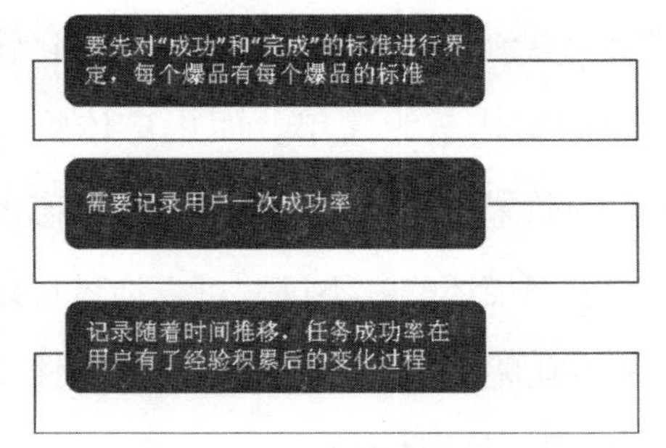

图4-42　任务完成率计算时需注意的三点

4.6.2.2　完成任务时间

用户完成整个任务需要多少时间，记录需精确到秒。还要记录用户在不同环节上的所需时间，这些数据可以用来分析，并且按照不同的需求进行呈现。每个任务的平均时长是企业最常用的记录方式。

在对爆品的某个问题进行诊断时，就需要用到这个KPI。企业把不同迭代阶段的同一任务的任务耗时放在一起进行分析，就可清楚地看到整个动态过程，以此来更加全面地了解用户体验变化。一般情况下，任务耗时越短，就代表用户体验越好。

4.6.2.3　用户报错率

评价用户使用体验的时候，报错指标是一个非常好的衡量标准。用户在哪个环节报错？出现了什么样牵涉？涉及到了哪个功能？出错率和比例如何？出错类型都是哪些？整个爆品的可用性如何？这些报错指标都可以给企业一个非常明确的答案。获得相关的报错率后，企业就可据此对自己的爆品进行体验优化。

一般而言，以下几种方法是报错率最常用的计算方式（见图4-43）。

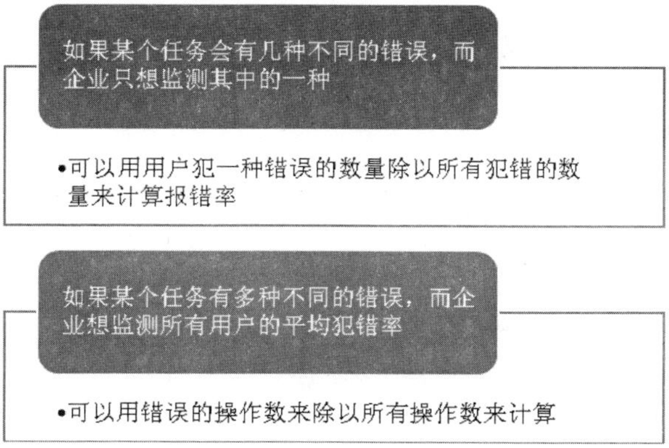

如果某个任务会有几种不同的错误，而企业只想监测其中的一种

- 可以用用户犯一种错误的数量除以所有犯错的数量来计算报错率

如果某个任务有多种不同的错误，而企业想监测所有用户的平均犯错率

- 可以用错误的操作数来除以所有操作数来计算

图4-43　报错率的两种计算方法

第5章　产品－故事＝商品，产品＋故事＝爆品

自我介绍、打动人心、领导团队、企划行销，都是从说故事开始。想要让人印象深刻，你自己、你的企业、你的产品，都需要一个好故事。故事的力量是无穷的，古代的神话能够流传至今，正是因为故事能打动人心。所以，一款产品如果拥有了一个好故事，就能成为爆品；一款产品如果没有一个好故事，永远就只能是一个普通的商品，随时被淘汰、随时被忘记。

5.1 一个故事引发的爆品战争

如果我们仔细地去看，就可以发现，市场上的那些爆品背后都有一个故事。这个故事在其成为爆品的过程中起到了关键性作用，就像是褚橙。那么，到底什么是故事营销呢？故事营销就是指在产品相对成熟的阶段，在产品塑造时采用故事的形式注入情感，增加产品的核心文化。同时，在营销的过程中，释放这个核心情感能量，然后再辅以爆品功能性与概念性的需求，去进一步打动用户，最后实现保持产品在稳定上升的过程中的一个爆发性的增长，让产品一跃而就，成为爆品。也就是说，企业如果能讲好一个故事，就能引发一场爆品的战争。

5.1.1 一个故事成就一个爆品

故事的影响力真有那么大吗？只要讲一个故事就能打造出一个爆品？别怀疑，现实中的很多案例都告诉我们，故事确实有这么大的力量。

“Do you love me？”德芙巧克力的这个故事向世人传播了一个厨子与公主坚贞不渝的爱情故事。相爱却波折不断，直到最后一刻才能够把心中的爱表达出来。有这个故事后，德芙巧克力显然就成为了表达“爱情”的最佳代表。现在，每年的情人节，卖得最好的产品除了玫瑰花就是德芙巧克力了。

拾八排山茶油：利用公益来做故事。历时48一天，行走700多千米，为山里的村民送去山茶油，让村民身体得到了良好转变，更让新生婴儿免去了病痛的烦恼。拾八排山茶油利用自己的一个真实事件作为故事背景，在产品中注入公益元素，从而让自己的产品一跃成为爆品。听故事是每个人的天性，现在是信息爆炸、广告铺天盖地的时代，产品如果没有一个好的辅助，是很难吸引到用户的。而产品背后的故事却能成为用户为之买单的动力。我们从以上的两个案例也可以看出，讲一个好故事对产品的重要性。“卖故事”是产品成为爆品的过程中必不可少的手段。

5.1.2　故事的独特魅力

为什么一个故事就能成就一个爆品？自然是有其独特的魅力所在。故事能体现产品的理念，能够增加产品的历史厚重感、资深性与权威性，能加深用户对产品的认知，受到产品的吸引。具体而言，故事的独特魅力主要体现在以下三个方面（见图5-1）。

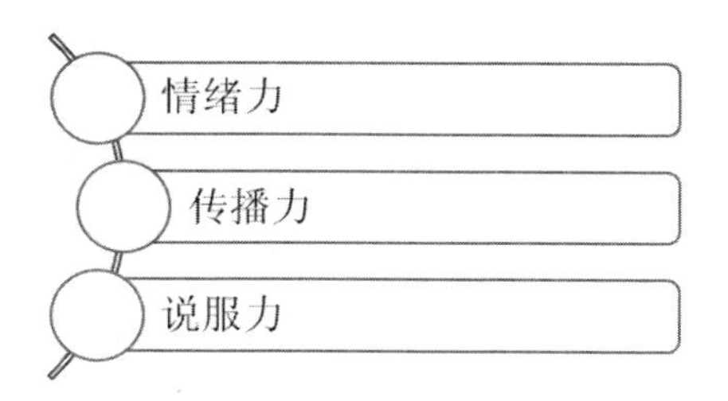

图5-1　故事魅力的三大具体体现

5.1.2.1　情绪力

心理学研究表明，生动的、能激发情感刺激的故事更容易进入用户的大脑，在编码时受到更充分的加工。一个爆品故事是否具有独特的魅力，就看其是否拥有了挑起用户强烈情绪的能力。不管是哪一种情绪，只要够强烈，就能在用户头脑中形成足够的记忆点。

百度曾播出一个故事短片，引发了极大关注——《发现身边的好手艺人》（见图5-2），让“身边的手艺人”激发小商户群体和用户的情绪共鸣。木匠、理发师、美甲师、培训师……都是故事短片中的主角。这些人都在街头巷尾，从事着不冷僻、不高深的平凡工作，但却有他们自己的想法和个性，能把平凡的小事变得不平凡。这与我们经常在纪录片上看到的《我在故宫修文物》这类匠人不同，是生活中随处可见的。

图5–2　百度故事片《发现身边的好手艺人》

因为随处可见，因为就发生在用户身边，所以，这样的“手艺人”在创业者和用户心中才会显得更为真实，才能触动他们共同的情绪按钮。

5.1.2.2　传播力

判断一个好故事的标准是什么？很简单，就是能被用户口口相传。一个好故事除了具备趣味性、娱乐性之外，还要在一定程度上显示人们的价值观体系。一旦具备了这些，用户就会主动、自发地去传播。

在消费升级的时代，价值观的阐释变得尤为重要。价值观对味的爆品对用户来说就像是一个可靠又有主见的好友，让爆品变得更加可信、更亲切。

而传播价值观的最好方式不是灌输式，而是渗透式。企业需要从细节着手，把一个个细小的想法、行为、理念在故事中表现出来，这样才能打动用户，让故事具备传播性。

央视的美食纪录片《舌尖上的中国》系列为何能成为爆品？收视率、话题、口碑甚至远超同期的综艺节目？原因很简单，该纪录片不止向观众传递美食，更传递了中国人融入在美食中的价值观，让观众看到美食背后的中国手艺人代代相传的传统美德（见图5-3）。

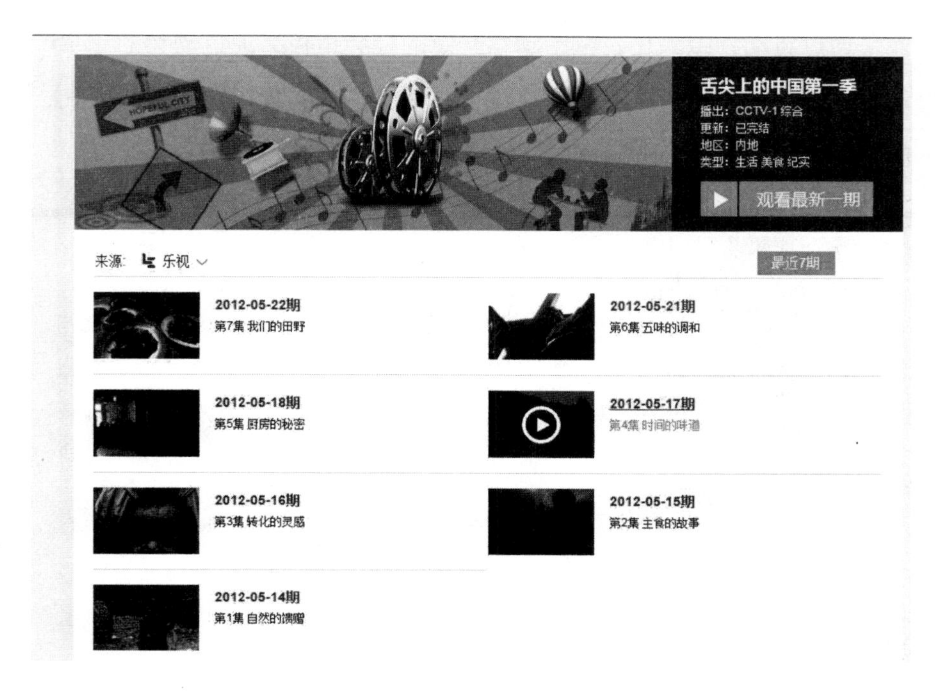

图5-3　《舌尖上的中国》

5.1.2.3 说服力

好的故事就像是一个拥有超强战斗力的推销员，口才出众，所说出的每一句话都具备极强的说服力，能够得到用户全心全意的信任，让用户愿意主动为产品去传播、去购买产品。

需要注意的是，故事要有说服力，就不能让人有说教感，而是能让受众产生“代入感”。具有说服力的故事不是以“说教”的口吻进行的，更不是“好好学习、成就梦想”之类的刻板口号。

比如陆川导演的纪录片《我们诞生在中国》（见图5-4）就非常具有说服力。该纪录片通过中国四种原生态动物的生存环境反映了中国社会的四大问题。但是该记录片却不是通过以往教条式的宣传方式来进行，而是通过将动物拟人化，赋予动物一定的社会角色，通过动物的一举一动、生存环境来揭示这个问题。这种充满趣味又有代入感的传播方式，颇受观众的喜爱。

图5–4 《我们诞生在中国》

5.1.3　互联网放大故事魅力

互联网时代，没有故事的产品是可怕的，因为它永远成为不了爆品。而且互联网的出现，给产品带来了一个讲故事最便利的时代。人类的口碑相传，自古以来都是以故事为载体的。而互联网的来临、社交媒体的出现，让这种自古就有的口碑传播有了更加方便和快速的传播渠道。

褚橙之所以能成为爆品，就是因为有励志橙的感人故事。一个烟王到橙王的转变，一个面临人生大起大落仍不服输的老人；一个用10年时间从最底层重新成为一个企业家的老人；一个让王石这样的企业家为之感慨和佩服的老人，这是天然的故事属性。将之融入到褚橙中，怎能不受到社会的关注？所以，褚橙成功了。除此之外，互联网对这个故事的发酵也起到了不小的作用。微博、微信、各大新闻网站的报道、评论，让这个故事被更多的人所熟知。

5.1.3.1　一句话、一张图就能成为一个故事

在互联网上，一段非常有意思的文字、一张照片、一段视频就能被分享、传播，最后成为爆品。例如“世界这么大，我想去看看”在微博上爆红的辞职女教师；例如因一张“世界上最帅的逆行”而广受关注的微博博主“妖妖小精”（见图5-5）；例如因一段段吐槽视频成为2016年最红网红的“papi酱”。

图5-5　妖妖小精“世界上最帅的逆行”

5.1.3.2　互联网释放了草根力量

互联网释放了长尾经济，也就是草根的力量。要知道，群众的力量才是强大的。因此，故事一旦得到用户的认可，就能被大范围地传播，这在传统商业时代是很难达到的。

微博为什么能引导舆论的导向？为什么能让一些平常不可能让人注意到的事情而广受社会大众的关注？就是因为微博是草根的聚集地。在微博上，只要是“草根”关心、关注的事件，经过他们的传播都能成为被社会广泛讨论的事件。

5.2　一个好故事的四种DNA

没有人爱听大道理，都喜欢听故事，这无关智商与地位。就像是国防部采用综艺节目的形式来宣传军队，通过湖南卫视的《真正男子汉》来做征兵广告。而事实证明不管是普通百姓对军队的认知，还是征兵比例都得到了极大的提升。为什么，因为相比于传统的军事节目、征兵广告，大众更喜欢通过像《真正男子汉》这样以讲故事的方式来了解军队。那么企业们如何像《真正男子汉》一样把爆品这个故事讲好，从而达到自己的目的呢？其实很简单，塑造完故事后，看看自己故事中是否具备了以下四种DNA。

5.2.1 鲜明而有正能量的主题

一个好故事，必须有好主题。那么，什么样的主题才算得上是好主题呢？励志与梦想无疑是最好的选择。这是当下社会中热度一直不减的话题，也是普通用户们聊以自慰的精神粮食。梦想系、励志系甚至爱情系都能得到用户的广泛认可。譬如因为“对不起，我只过1%的生活”而爆红并成功引爆一款名为“快看漫画”APP的微博大V伟大的安妮，她讲述的这个故事的主题就是梦想。有用户认为她的创作不是漫画而是鸡汤，让人备受鼓舞。

5.2.2 个性化的人物

透过人物的个性展现，表现爆品的精神，让用户被人物精神所折服，从而认同爆品。

许多爆品的创始人其实就是90后，他们的思想、性格都非常个性，代表了新一代人对事物的看法。因此，他们常常能引起社会的关注。伟大的安妮所创造的“我只过1%的生活”漫画，就是以自己为主人公，表达了90后的思想态度、生活方式，让90后们都感同深受（见图5-6）。

图5-6　“对不起，我只过1%的生活”部分截图

5.2.3　新颖可视化的传播方式

现在是互联网时代，更是一个读图的时代。比起长篇的文字，图像本身具有的直观性与美感，更易于传播，也更适合用户在碎片化的时间中阅读。“对不起，我只过1%的生活”就是采用漫画的形式，具备极强的阅读性与可传播性（见图5-7）。

图5-7　“对不起，我只过1%的生活”的漫画形式

5.2.4　故事情节

故事情节就是故事的核心矛盾与冲突。就像一部电视剧，要让用户进入剧情，让观众按时打开电视机追着看，就必须要有情节矛盾与冲突点，让观众的心情随着剧情起伏。“对不起，我只过1%的生活”就具备了这一点。小安妮在自己的奋斗下已经打破了两次1%的魔咒，后又希望借助网络的力量来实现第3个1%。读者的心情跟着小安妮实现1%的魔咒的情节而起伏，都想看看小安妮最后到底能不能打破第3个1%的魔咒，实现自己创造一个漫画APP的愿望（见图5-8）。

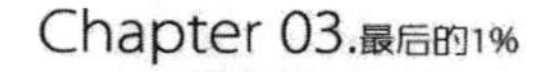

2014年7月，我过得很好，
但我很多画漫画的朋友，
因为很少被人知道，过得很差。

忽然，我萌生了一个巨大的想法

我们应该做一个好玩的App!

图5-8　“最后的1%”就是做一个APP

5.3　名称、来源、经历都是好素材

大多数企业都知道讲故事的重要性，但是运用讲故事这个手段来做爆品的企业却少之又少。其实，不是他们不用，而是他们不知道去哪找素材，爆品故事要求的是真实，又不像小说一样可以虚构。

其实爆品故事的素材，往往是“远在天边，近在眼前”。爆品本身就是个素材，爆品是不断发展的，所以企业就等于有了源源不断的新素材，以维持故事的新鲜感。一般来说，企业可以将爆品的名称、爆品的来源、爆品的经历作为故事的素材（见图5-9）。

图5-9　爆品本身所具有的故事素材

5.3.1　你的名字，我的故事

每一个爆品都有自己的名字，也都有其原因所在。比如小米手机为什么叫小米，而不是大米，魅族手机为什么叫魅族，而不叫其他族。企业可以把自己的爆品名字作为故事的素材之一，讲述自己为什么要为爆品取这个名字，它代表了什么。通常来说，一个爆品的名称、术语、标记、符号，都是体现爆品的服务个性和消费者认同感的标志。

譬如iPod的名字故事“打开分离舱门，哈尔”（见图5-10）。这个故事的内容大体是这样：“在苹果的MP3播放器的研制期间，乔布斯曾经讲过苹果的战略，要让MAC取代其他电子器具的中心。而苹果公司聘请了一位自由职业广告文案撰稿人Vinnie Chieco，他的任务就是要在该产品发布之前为它起个名，要求是体现乔布斯的战略。

图5-10　iPod的名字故事在互联网上广为传播

Chieco召开了各种头脑风暴的会议，几经讨论才锁定了一个与宇宙飞船有关的概念。宇航员可以离开飞船，但必须时常返回来加燃料。因此，Chieco根据这一点给这款新爆品取名为“iPod”。因为，宇宙飞船的分离舱（POD）再加上一个i就能和iMAC完全联系到一起。

这个爆品名称故事讲述得很成功，不仅表达了乔布斯的战略布局，还体现了苹果的匠心精神——只是一个新爆品的名字都要细细打磨。

5.3.2　你是否来自“云深不知处”

把爆品来源作为故事的主角，是企业故事营销的常用手段，而且结果也证明了，用户们非常喜欢这样的故事。比如很多矿泉水产品，就喜欢把水来源作为自己的故事主角，譬如来自阿尔卑斯山山脉、长白山山脉、昆仑山山脉等。矿泉水品牌为什么喜欢把这些山脉作为自己的爆品来源处，并将之作为故事营销的主角呢？就是因为这些山的水质优质，受到大众的认可。由此我们可以看出一点，在讲述爆品来源故事时，其来源出处必须可靠真实，且被用户所认可。否则这个营销故事就起不了什么作用。

农夫山泉之所以能成为广受用户认可的品牌，就是因为懂得利用水源地来讲述自己的故事，对于水源地它是这么描述的：“位于长白山原始森林的莫涯泉是农夫山泉天然矿泉水的水源地。作为举世公认的世界优质矿泉水水源地，长白山是全中国森林系统健康指数最高的地区之一，莫涯泉正位于核心区位。为寻觅此处顶级水源地，自2007年起，农夫山泉的水源勘探师便进入长白山腹地78次，考察30余处水源未果，最终意外在一位老猎人的指点下，终于在2008年找到了莫涯泉。这里的泉水是30~60年前落在长白山上的冰雪，融化之后经过漫长的地下岩层融滤自涌而出，在世界范围内，这类的水源都非常稀有。”为此，还专门拍摄了一组寻找水源的纪录片（见图5-11）。

图5-11　农夫山泉寻找水源的纪录片

5.3.3　每个爆品都有“匆匆那年”

把爆品的经历作为故事的素材，这也是企业常用的手法。爆品和人一样，在成为爆品之前，都经历过或多或少的事。譬如爆品在研发阶段差点因为资金不足而失败，爆品在刚推出时如何不被他人所接受等，这些都是讲故事绝佳的好素材。

爆款学习软件英语流利说就是一个很好的例子，英语流利说就在2016年讲述过一个“砍掉小语种”的故事（见图5-12）。从这个故事中，用户看到了英语流利说要专心做英语的决心。

图5–12　英语流利说“砍掉小语种”的故事被广为报道

故事的内容大体是如此：2015年8月，英语流利说的三个创始人坐在一起准备将上线半年多的小语种和韩语砍掉。为什么要砍掉小语种？一方面是因为差强人意的后台数据，另一方面是因为每个小语种都需要单独的团队做教研，而且还有不同的爆品，因此必须付出较高的人力与沟通成本。这使得三个创始人不得不思考“在探索变现的同时扩类到其他小语种的选择是正确的吗？”

几经讨论，英语流利说的创始团队决定砍掉小语种业务，这是该爆品在发展历程中，做的最大的一次“减法”。虽然团队绕了弯路，但通过流利学院初步验证了直播课程的可行性，并在技术上搭建起了基础架构。

英语流利说砍掉小语种的故事被广为流传，用户从这个故事中也看到了该企业对爆品一丝不苟的匠心。

5.4　一个故事情节，一个传播爆点

一部电影的好坏，情节故事的张力很重要。故事情节不够好，再好的演员、再牛的导演、再大的投资都无济于事。同理而言，讲述爆品故事也是如此。有人说："讲好故事的秘诀是在电影里，电影里怎么演，现实故事就怎么讲！"那么，现在我们就来看看，电影情节与爆品故事情节有哪些可以融会贯通的地方。

5.4.1　情节一：战胜挑战

我们最常在电影里看到什么情节？是的，就是战胜挑战。譬如《中国合伙人》讲述的是主人公找不到出路，只有从非法补习班开始，最后成为大企业的创始人的故事。又譬如2016年票房、口碑大热的电影《湄公河行动》讲述的是国家、国家公安人员在处理湄公河事件时所面临的重重阻碍，最后战胜了这些阻碍，将犯罪人员成功逮捕回国内审判的故事。这种面对困难、危险的挑战情节，最能打动观众的心。可以让观众随着剧情的跌宕起伏而完全陷入到电影的情境中，最后让观众对电影产生喜爱之情，并主动为其进行口碑传播。

爆品的创业故事也可以加入挑战的情节。像马云、马化腾分别在创立阿里巴巴和QQ时就经历了很多困扰。锤子科技的创始人罗永浩更是把面对挑战、战胜困难作为自己的故事重点来讲述（见图5-13）。

图5–13　网上罗永浩讲述创业故事的各种视频

罗永浩对手机完全不熟悉，是一个地地道道的门外汉，因此他最初进入手机行业时并不被人看好。但在如此不被看好的时候，罗永浩却把第一代锤子手机打造成了爆品。他在开发布会时，花了大量的时间去讲述，小公司如何被供应商拒绝，自己这个弱小的团队是怎么克服了重重阻碍，解决了一个又一个的问题。这些充满挑战性的情节就与电影中的情节一样，容易打动观众。因此，发布会结束后，用户对第一代锤子手机的反应非常热烈。

5.4.2　情节二：制造反差

电影里第二个常用的情节就是反差，就是把两个差异巨大的事物放在一起，给观众造成强烈的冲击感。如《泰坦尼克号》中穷小子和白富美的爱情故事，身份的差异给主人公造成了爱情的重重阻碍，但这种反差下的爱情征服了全世界。另外一种就是情节的反差，比如《无间道》

中的忠奸卧底的反差，让观众大呼意外。

与电影中的情节反差相似的创业故事也非常多，比如餐饮界的爆款“伏牛堂”米粉，该产品之所以能成为爆品，其最大的原因就是讲述了一个巨大的反差故事。一个北大毕业的硕士居然不在企业任高薪职业，而去街头卖米粉。

通常，北大硕士一般都可以进入大企业上班，坐在办公室里拿着高薪，而卖米粉通常是因为没有上好的学校，无法找到好的工作的人来做的。在这种反差之下，人们都会有产生“去试一试，北大硕士的米粉是不是和别人不一样”的心理。而这种具有反差性的故事也是媒体们最爱报道的，所以不用任何成本就达到了传播的目的（见图5-14）。

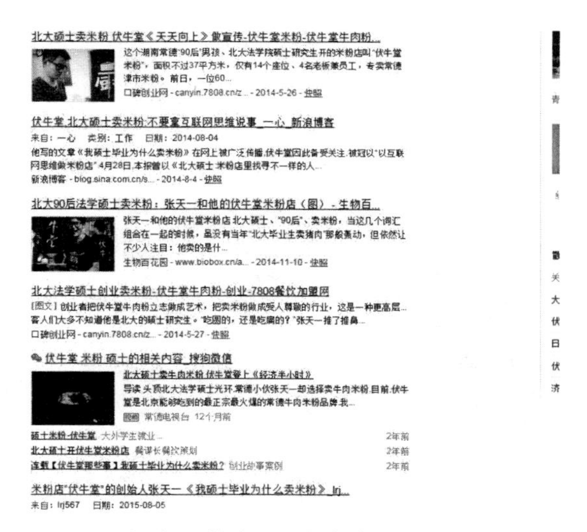

图5-14　各大媒体报道伏牛堂创始人创业故事

5.4.3　情节三：打破常规

电影中常用第三种情节就是“打破常规”，也就是说，一个故事如果能用打破常规的反差的方式来讲述，就能吸引观众一直看下去。比如电影《盗梦空间》制造了一个梦境，来让别人改变主意。一般情况下说服别人改变主意，我们都是通过“动之以情，晓之以理”的方式，而该电影却是进入别人的梦境。这种反常规的情节非常具有亮点，让观众感到非常新鲜。

许多爆品故事也运用到了这一情节。比如雕爷牛腩，一般餐厅是装修完就开业了，菜品也是自己觉得不错就可以制订菜单了。但是雕爷牛腩却不走寻常路，运用了一种只在游戏里出现的“封测”的方式来制订菜品（见图5-15）。邀请明星、知名美食家、普通用户到雕爷牛腩中试菜、享受服务、体验环境，然后根据大家的意见不断地进行修改，半年后才正式营业。这样的反常规的菜品定制、餐厅开业方式，自然能引起外界不少的好奇心。大家都想看看雕爷牛腩封测了半年，到底是真炒作还是真的在优化菜单。

雕爷牛腩是如何玩封测营销的？-房车旅游网

封测营销，无疑是服务业的新兴词汇，究竟它的作用有多大呢？二月初的时候受邀去大悦城吃雕爷牛腩，当时的感慨是这样的：餐厅的BGM竟然是范宗沛的『水色』，腔调感...
房车旅游网 - www.lvyouw.net/1... - 2013-5-27 - 快照

经过封测的"轻奢餐"-----雕爷牛腩-房车旅游网

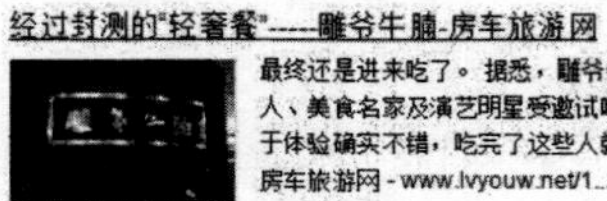

最终还是进来吃了。据悉，雕爷牛腩封测邀请期间，众多业界文化名人、美食名家及演艺明星受邀试吃，口碑极佳。吃人嘴软，当然关键在于体验确实不错，吃完了这些人就...
房车旅游网 - www.lvyouw.net/1... - 2014-5-21 - 快照

雕爷牛腩是如何玩封测营销的?.doc - 爱问共享资料
雕爷牛腩是如何玩封测营销的?.doc举报简介:雕爷牛腩是如何玩封测营销的？餐饮 资料下载、菜谱大全 、餐饮加盟 、餐饮资讯,餐饮业第一门户网 餐饮连锁加盟招商代理领域...
爱问共享资料 - ishare.iask.sina.com.cn/f... - 2014-2-8 - 快照

用生命在做服务的雕爷牛腩是如何玩封测营销的-搜狐财经

雕爷牛腩的营销策略是什么?雕爷在知乎又现身说法了一把,以下为文章全文:封测这件事,本来是网络游戏界最常见不过的事儿,我弄一餐厅,搞搞封测,没想到效果还真...
搜狐财经 - business.sohu.com/2... - 2013-5-8 - 快照

雕爷牛腩是如何玩封测营销的？_策划营销_职业餐饮网
雕爷牛腩的营销策略是什么？封测这件事，本来是网络游戏界最常见不过的事儿，我弄一餐厅，搞搞封测，没想到效果还真不错......哦，好吧，我说谎了，我其实一开始就知道传播...
职业餐饮网 - www.canyin168.com/g... - 2014-2-4 - 快照

图5–15 被热议的雕爷牛腩“封测”

5.4.4 情节四：成长经历

电影中常用的情节就是主人公的成长，主人公原是一个什么也不懂的平凡人，然后经历了一系列事件成长了，成为心智、行为都成熟的大人物。比如《少林寺》，这部中国早期电影的主人公是由李连杰扮演的。主人公刚开始只是个什么都不懂，武功平平的小和尚，通过在少林寺的历练以及后续发生的一系列事件，成为了一个武功高强，做事稳妥，打败了坏人拯救整个少林寺的人。这种情节通常都会让观众产生一种被激励的感觉，让观众认为“既然电影主人公能做到，那么我通过努力也可以”。

这也是创业故事的常用手段，比如兼职猫的创始人王锐旭原本是一个网瘾少年，但因为经历了一些事，思想得到了极大的转变，甚至还受到了李克强总理的接见。这种“人生的蜕变”情节是最能打动用户的（见图5-16）。

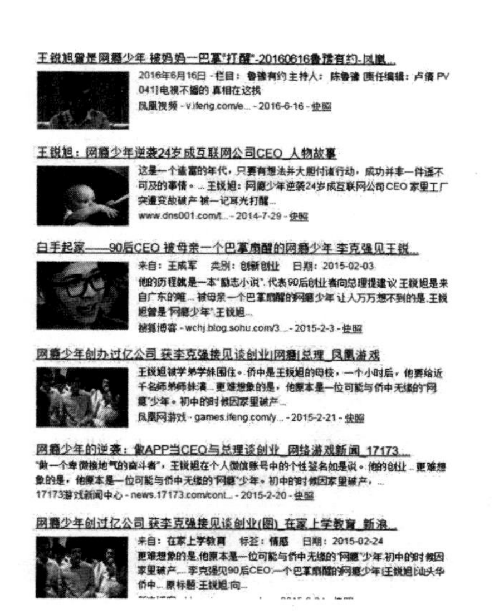

图5-16 媒体对于王锐旭创业故事的关注

5.5 有创意，故事才具备超强爆炸力

什么是创意？百度百科对此的解释是："创造意识或创新意识的简称，是对现实存在事物的理解与认知，所衍生出来的一种新的重新思维以及行为潜能。"在为自己的爆品设计故事时，企业也需要加入一些创意的元素，让用户不会因为看到"千篇一律"的故事模型而生厌。

5.5.1 创意故事的设计步骤

一个有创意的、能引发用户关注的故事不可能自然生长，而是需要企业精心的设计。创意故事的设计有其固定的设计步骤，主要分为以下几个步骤（见图5-17）。

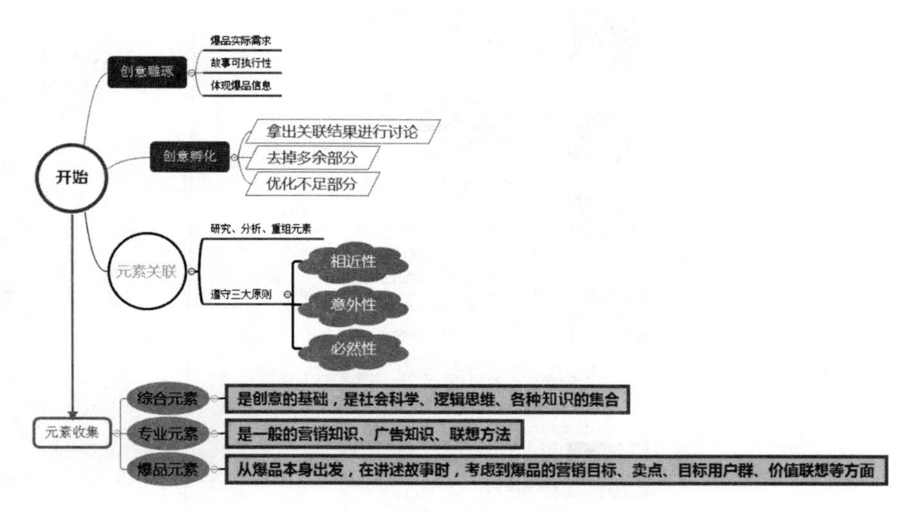

图5-17　创意故事设计四大步骤

5.5.1.1　第一步：元素收集

创意是由许多散落在各地的元素聚集起来的，具体体现为综合元素、专业元素、产品元素。至于在创意的过程中，企业要留下或者舍弃哪些元素，这与提出的策略和故事所针对的用户有关。

（1）综合元素。该元素是创意的基础，是社会科学、逻辑思维、各种知识的集合。比如企业要为爆品设计一个故事，该爆品的用户喜欢潮流、新奇的内容。在创意的思考过程中，你搜集了许多潮流的元素，那么就可以挑选合适的元素放到故事中。逻辑思维的方式包括很多种，比如比较思维法、因果思维法、递推思维法、逆向思维法等，哪种合适自己就选择哪种。比如比较思维，在故事的情节中，企业可以加入与其他爆品或者人物的对比，形成反差，从而让用户印象深刻。

（2）专业元素。这是一般的营销知识、广告知识、联想方法。比如在为了提升爆品的销量而设计一些小故事时，就必须了解该方面的专业知识。比如电商行业，就要了解电商促销的专业知识，产品卖点、物流能力、服务流程等。

如2016年爆红的歌手薛之谦，他之前是做电商的。为了给自己店铺做宣传，他在现象级网络综艺说了一个小故事（见图5-18）。

图5-18　薛之谦讲述开网店遇差评的故事

“做电商经常会遇到一些事情，有些用户一次会下好几次单，然后给差评。然后打电话说如果要取消差评，就要免单。面对这种事情，我就坚决地说不，直接提交淘宝处理。但是有一次因为一件裙子发现线头坏了，用户跟客服说了一下，并没有给差评。但是，我却亲自打电话和用户说，这件您不用退，我马上补一件一模一样的给您”。从中，我们可以看到薛之谦在讲这个故事时，体现了他对淘宝规则、自己产品的特点的充分了解。因此，说起故事来有理有据，不会有人认为这是薛之谦杜撰的。

（3）爆品元素。也就是从爆品本身出发，在讲述故事时，需要考虑到爆品的营销目标、卖点、目标用户群、价值联想等方面。比如说滴滴是如何描述出一个快的司机如何精准地找到乘客，滴滴针对的用户群是什么，它能为司机、为乘客提供什么样的价值。这些问题的答案就是企业需要收集的爆品元素，收集后再将之运用到故事的描述中。

5.5.1.2　第二步：元素关联

把收集到的元素进行整理、研究、排列拼图，做出新的组合方式，看看如何才能更好地融入到故事中。东西要用起来才会有价值，设计一个有创意的故事更是如此。把各个元素关联起来，然后与爆品做结合，这样的关联会让你的爆品故事焕然一新。体现关联元素时，要遵守几个原则，分别是相近性、意外性、必然性。

例如可口可乐曾讲述了一个“与陌生人产生友谊”的营销故事（见图5-19）。刚进入大学时，面对满校园的陌生人可能大家都会感到无所适从。为了让新生们快速熟络起来，可口可乐推出了一个新瓶子，只有两个人合作才能够打得开。可口可乐在校园里设立了一个专门卖可口可乐的冰箱，这个冰箱里的可乐单靠一个人是拧不开瓶盖的。只有找到另外一个拿着相同瓶子的人，将瓶盖顶部对准，然后朝着互相相反方向旋转，可乐瓶才能够打开。

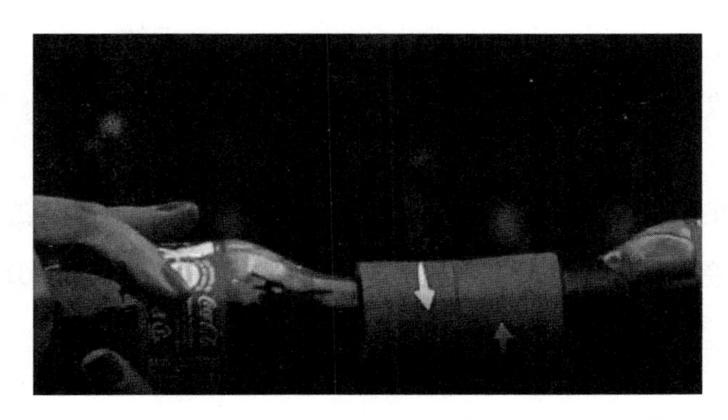

图5-19　可口可乐“与陌生人产生友谊”的营销故事

这种营销方式虽然很简单，但确实能让新生们在完全陌生的环境下产生向他人打招呼的动力。一次简短的合作也许就能产生一段友谊。

可口可乐这个营销故事完美地呈现了关联元素的重要性，把友谊合作与拧开产品瓶盖结合起来，虽然简单但却非常有效果。

5.5.1.3　第三步：创意孵化

这是最关键的环节。企业可以把众多关联出来的结果拿出来进行讨论，去掉不够优秀的元素，或者在创意设计的过程中不断优化，直至优化出一个最有爆点的元素，然后把这个最终元素作为故事的主要内容。

5.5.1.4　第四步：创意雕琢

在为故事设计创意元素时很可能是天马行空的，但要记住，故事在最终呈现时需要考虑到诸多因素。首先，创意必须符合爆品的具体条件、营销目标等实际需求，另外还需要考虑到故事的推广预算；其次，故事的可执行性，虽然故事具备了创意，但执行起来很困难，用户难以接受，如果是这样，再好的创意也不要；最后，千万不要忘记在故事创意的展现上体现出爆品的营销信息。

5.5.2 故事创意设计的原则

创意的重要性不言而喻，它可能会给故事带来意想不到的东西，但在寻找创意的过程中，有些原则企业需要特别注意（见图5-20）。

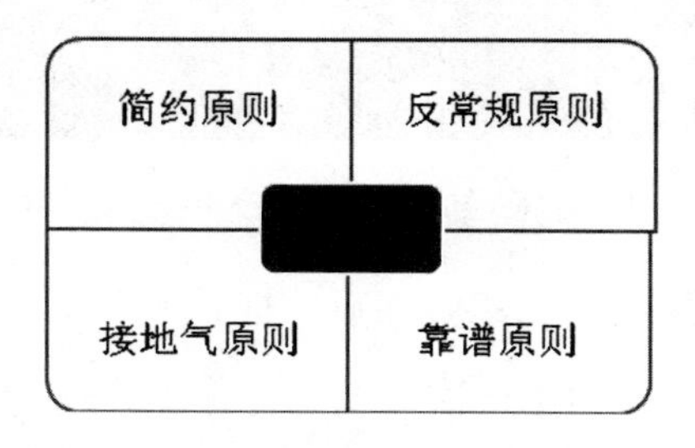

图5-20 故事创意设计四大原则

5.5.2.1 简约原则

爆品的故事不需要长，要以简约为主，因为没有用户有耐心听你的长篇大论。所以，企业在设计故事时，直接找出创意的核心，一些不重要的信息、元素就可以剔除。

5.5.2.2 反常规原则

打破常规，让创意有意外惊喜。如果我们按照人们常态的思考方式思考创意，这些创意往往是无趣的，是无法引起用户的注意的。所以，企业一定要懂得逆向思考，懂得打破常规。唯有如此，才能在越来越同质化的故事海洋中，让用户有耳目一新之感，从而被用户牢牢记住。

5.5.2.3　接地气原则

当我们从策略落实到创意时，更多抽象的概念、模型已然变成具体的表现形式。所以，在为故事设计创意时，其内容一定要让用户听得懂、看得懂，否则你讲了半天，用户却全然不明白你在说什么，或者你讲这些的目的是什么，那么故事再有创意也没有用。所以，故事一定要接地气。

5.5.2.4　靠谱原则

用户凭什么相信你的故事呢？现在社会欺诈事件频生，人与人之间的信任度越来越差，爆品故事要获得用户的信任并不是一件容易的事。我们在听一些创意故事时，也会下意识的认为对方在吹牛，在编造情节。所以，在为故事加入一个创意时，一定要靠谱、可信。这就需要企业在元素收集阶段的严格把控，各类元素的可信度需要考量，创意链上各个细节都需要仔细推敲。比如你在讲你打造爆品时，说马云怎么怎么看好这款爆品，马化腾怎么怎么鼓励你，如果没有非常强确切的事实依据，用户肯定会认为你在吹牛。

5.6　故事要好，就要掌握技巧

故事的本质是一种高明的沟通策略，只有意识到这一点，企业才不会把爆品故事与虚构小说、电视剧本等同样注重故事技巧的领域混为一谈。其实，这完全是两个方面的问题。

5.6.1 蒸馏原则：提炼重要的信息

大部分企业都认为，故事的构建是由内而外，比如故事线的八点法：背景、触发、探索、意外、选择、高潮、逆转、解决。这确实是一个非常实用的故事构造理论，但这并不代表你掌握了这个理论就能拼凑出一个好故事。前文就说过，信息太多反而会减弱故事的感染力，好故事的诞生需要经历一个蒸馏的过程。企业需要把复杂的信息提炼出一个核心，就这个核心构造一个精彩的故事即可。

比如携程旅游网拍的一个广告，该广告的内容就充分体现出了“蒸馏原则”。全篇广告没有过多的赘述，只通过一两个场景就表现了携程给用户带来的便捷。一句“携程在手，说走就走”，直接概括了整个故事的内容（见图5-21）。让用户充分感受到携程可以为用户节省旅游的繁琐的流程，只需要几个操作步骤就能去旅游。

图5-21　携程广告“携程在手，说走就走”

5.6.2 原型心理：让用户产生共鸣

瑞士心理学家荣格认为："原型是一种母题，是集体无意识下人类文化的共同象征。"我们总可以看到在故事中一些故事人物或者主题在不同的故事中反复出现，但是他们对用户造成的影响是相同的。为什么？这些故事人物和主题都是有原型的，是在生活中存在的，是用户亲眼见过的。而且每个时代、每个社会、每个国家，甚至每个地方都有这样的人物和主题存在，他们是非常具有代表性的。因此，以这些固定的原型作为故事的核心内容，更能引起用户的共鸣。

就像是聚美优品的广告《我为自己代言》，它的广告之所以被奉为经典，就是因为它讲述了一个关于"梦想"的主题故事（见图5-22）。

图5-22 聚美优品《我为自己代言》的故事

聚美优品的广告以其创始人陈欧为主角，讲述了自己追求梦想的过程中，遇到的挫折、付出的汗水、所坚持的自我。像陈欧这样的创业者，在中国，乃至全世界都多不胜举。因此，当聚美优品讲述了他们的故事时，他们的共鸣非常强烈。

5.6.3 传递情绪：为用户的记忆与想象增加细节

爆品故事无需讲究情节类型和完美的故事线，主要能传递情绪即可。情绪能够让故事的思想和表达思想的信息变得更加鲜活，更加有生命力。情感是用户各种体验的重要构成元素，可以为用户的记忆与想象增加细节。

例如聚美优品的广告故事台词，就向用户传递了一个“坚持梦想，永远不会被击倒”的正面情绪。该台词是这样的：“你只闻到我的香水，却没看到我的汗水；你有你的规则，我有我的选择；你否定我的现在，我决定我的未来；你嘲笑我一无所有不配去爱，我可怜你总是等待；你可以轻视我们的年轻，我们会证明这是谁的时代。梦想，是注定孤独的旅行，路上少不了质疑和嘲笑，但，那又怎样？哪怕遍体鳞伤，也要活得漂亮。我是陈欧，我为自己代言！”汗水、自己的选择、嘲笑、可怜、被轻视、感受到孤独都是人类共有的情绪。该广告把这些情绪通过精心雕琢的文字和情景传递给了用户，用户在接收时就会联想到自身的相似经历，从而引发更强烈的共鸣。

第 6 章　口碑传播，零介媒体的万级效应

口碑是用户送给企业的巨大红利，对于企业而言，获得了口碑就等于获得了用户的信任，获得了用户的信任，也就代表你的爆品打造成功了。在互联网时代，企业必须重视用户的口碑。现在人人都能随时随地接触互联网，获得信息、发布信息也就是几秒钟的事情。传统的信息篱笆被彻底拆除，因此也造就了爆品打造最大的红利——口碑。在互联网时代，口碑可以直接决定一款爆品生死。

6.1 不要将口碑等同于一夜爆红

口碑能给爆品打造带来很多的好处，因此不管是哪家企业都非常重视它。但某些企业却对口碑产生了错误的认知，把口碑当做一夜爆红。口碑很好，但不是万能的，只有清楚地了解了口碑的定义，才能利用口碑来完成爆品的打造。

6.1.1 不做山中人，识得口碑真面目

什么是口碑？口碑传播的本质是什么？口碑是指用户对爆品的看法和评价，口碑传播指的是个体之间关于爆品的看法与评价的非正式传播。

口碑传播其中最重要的一个特征就是可信度高，因为在一般的情况下，口碑传播是发生在关系较为紧密的群体之中，譬如朋友、亲戚、同事、同学等。在口碑传播之前，他们之间就已经建立了一种长期稳定的关系。因此，相比于纯粹的广告、促销等传播方式，这种传播方式可信度更高。这是口碑传播的核心，也是企业开展爆品口碑宣传的一个最需要重视的地方。

6.1.2 不同口碑形式，不同操作方式

口碑营销不是一个简单的过程，其包含的内容也非常复杂，拥有着

多种可能的根源与动机，分成不同的口碑形式。企业在打造爆品的过程中，需要了解以下两种形式的口碑（见图6-1）。

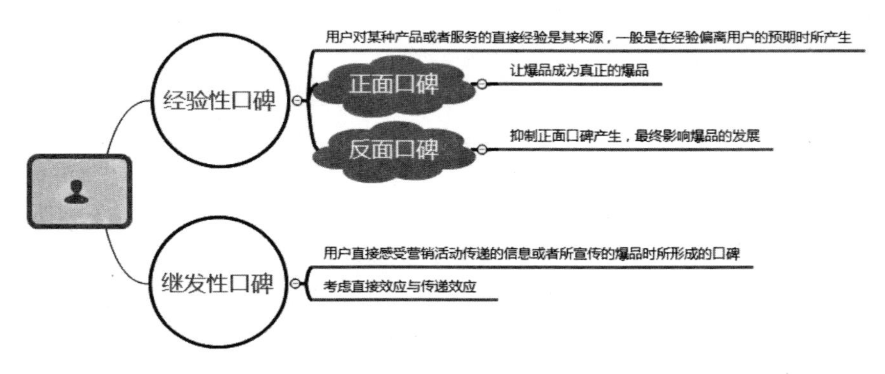

图6-1　两种口碑形式

6.1.2.1　经验性口碑

经验性口碑是最常见、最有力的形式，通常在任何既定的产品类别中都能占到口碑活动的50%～80%。用户对某种爆品的直接经验是其来源，一般是在经验偏离用户的预期时所产生。

当爆品符合用户预期时，他们很少会表扬它或者批评它。经验性口碑分为正反面。反面口碑会对爆品感受产生不利影响，并最终影响爆品价值，从而降低用户对传统营销活动的接受程度，并对出自其他来源的正面口碑的效果产生抑制作用。而正面口碑则可以让爆品成为真正的爆品。

6.1.2.2　继发性口碑

企业为爆品所举办的营销活动是最能引发口碑传播的一种方式，最常见的就是继发性口碑。是指用户直接感受营销活动传递的信息或者所宣传的爆品时所形成的口碑。这些信息对用户的影响相对于广告而言更加强烈。因为引发正面口碑传播的营销活动的覆盖范围及影响力会更大。企业在决定采用何种爆品信息及媒体组合能够产生最大的投资回报时，需要注意两个效应：直接效应与传递效应。

6.1.3 口碑传播的两面性

任何事物都有着正反两面，口碑传播也是如此。了解口碑传播的优势，可以让企业更加确定对口碑营销的投入成本；了解口碑营销的劣势，可以让企业在做爆品推广时避开。正所谓："知己知彼，百战不殆。"只有充分了解某事物，我们才能战胜它、驾驭它（见图6-2）。

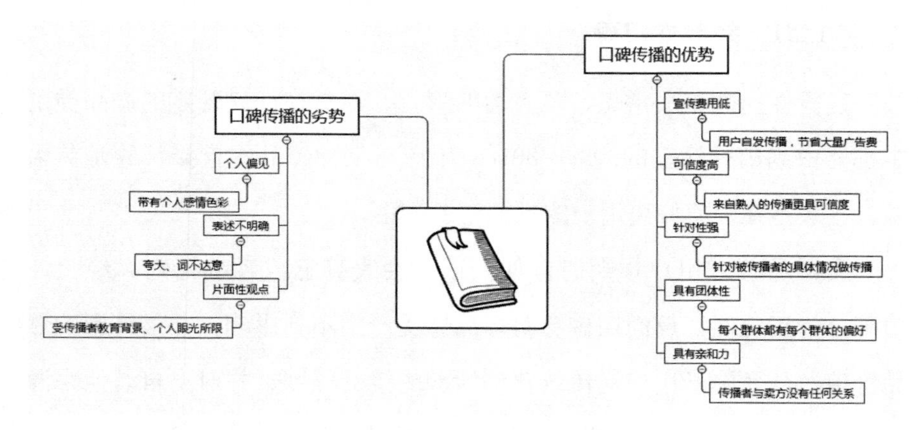

图6-2 口碑传播的两面性

6.1.3.1 口碑传播的优势

口碑传播的优势，主要可以概括为以下几个方面。

（1）宣传费用低。不少企业通过爆品过硬的品质在用户群体中获得了良好的口碑，提高了爆品的市场份额，同时也为爆品的长期发展节省了大量的广告宣传费用。爆品一旦获得了用户的口碑认证，用户就会不自觉地帮助传播。虽然在进行口碑传播时，需要付出教育和刺激小部分传播样本用户的成本，但比起面对大众人群的其他广告形式却要低上许多，而效果却不会比其他广告形式差，甚至更好。

许多电影、图书之所以能成为爆品，很大的原因就是因为口碑。我们每个人都有向他人推荐和被他人推荐电影和书籍的经历，通常别人一说什么什么电影好看，我们就会去看那部电影。由此可知，这种口碑推荐的力量非常强大。根据统计，有53%的电影的传播是通过口碑传播的。

（2）可信度高。信息大爆炸的同时，也代表着垃圾信息越来越多。这些垃圾信息浪费了用户的很多时间和精力，甚至可能对用户造成极大的伤害。所以现在的用户对信息的信赖感在逐步下降。因此，现在的人对口碑传播越来越依赖。有报告显示："在用户有需求时，他们往往先通过身边的亲朋好友来了解某款产品的口碑，然后再通过互联网上的信息，前者的建议对最终决策起到了极大的作用。"

可信度高，是口碑传播的核心，也是企业为爆品开展口碑宣传活动的一个最佳理由。同样的质量、同样的价格，用户往往都是选择一个具有良好口碑的那一个。而且，因为口碑传播的主体是中立的，所以不存在任何利益关系，因此可信度更高。

（3）针对性强。口碑传播具有很强的针对性。它不像多数广告一样，千篇一律，无视接收者个体的差异。口碑传播形式往往会借助于社会之间一对一的传播方式，信息的传播者和被传播者之间一般存在着某种联系。每个用户都有自己的生活圈、交际圈，因此彼此间都有一定的了解。在日常交流中，往往会选择彼此喜欢的话题进行。所以，在这种环境下，信息的传播者就可以针对被传播者的具体形式，选择适当的传播内容与形式，形成良好的沟通效果。

（4）具有团体性。正所谓物以类聚，人以群分。不同的用户群体之间有着不同的话题与关注焦点，因此各个用户群体就构成了一个个小社群，甚至是某一类目标市场。这类群体中的用户，他们消费取向相近、品牌偏好相近。爆品如果能得到其中一个或者几个人的认可，那么在这个互联网时代，信息就可以以几何级数的增长速度传播开来。所以，口碑传播不仅仅是一种营销层面的行为，更是一种群体内的行为，它具有团体性。

（5）具有亲和力。口碑传播从本质上来说也是一种广告，但是相比于传统的营销方式，却有着与众不同的亲和力与感染力。传统的营销方式都是站在卖方的角度，为卖方的利益服务。因此，用户往往会怀疑信息的真实性，对购买行为的发生产生一定的阻碍。而在口碑传播中，传播者就是用户，与卖方没有任何关系。因此，从用户的角度来看，相比于广告宣传，口碑传播者传递的信息可信度更高，更能被用户所接受。

6.1.3.2 口碑传播的劣势

口碑传播的劣势，主要可以概括为以下几个方面。

（1）个人偏见。口碑传播是由个人发动的，因此多多少少带着用户个人的感情色彩。稍不注意，就会因个人好恶不同而染上强烈的个人感情，致使评价缺乏客观性，成为偏见。也有不少因为情绪不满对爆品造成偏见的传播行为的事件发生。在这种情况下产生的口碑自然不会是良性的口碑。而且，评价者的社会地位越高，拥有的关注度越高，这种个人偏见所形成的负面效应就越大。

（2）表述不明确。口碑传播的信息有时会因为词不达意或者不准确而无意中夸大或缩小真实情况，造成事实叙述不清楚或者不确切，让他人难以分清事实真相。

（3）片面性观点。口碑传播的内容，往往局限在评价者自己的世界中，他的教育背景、所见所闻都会影响到评价的准确性。有些爆品会牵扯到专业知识和价值，某些评价者无法全部了解，因此评价就缺乏相对的准确性。对于爆品全过程及整体描述的口碑，其内容从微观上看是具体的、重要的，但从宏观的角度来考虑，就会偏于局部，仅限于一人的见闻与认识。

6.2　STEPPS：六个因素让用户主动点赞

在如今这个信息爆炸、思想泛滥的时代里，用户对广告甚至新闻，都有极强的免疫能力。如何解决这个问题，宾夕法尼亚大学沃顿商学院营销学教授乔纳•伯杰提出了口碑传播的STEPPS法则，他强调：“我们的品牌、生活都可以用这六个因素让别人为自己点赞。”

6.2.1　S：社交货币

S：社交货币（Social Currency）。谈到社交货币，大家也许先想到的是热门的B2C、B2B行业。从营销学的角度来看，社交货币有着全新的概念。就像我们使用货币能够买到东西一样，使用社交货币也能够获得家人、朋友、同事的好评。

在乔纳·伯杰看来，这些社交货币的概念就是：“如果你的产品与思想能够让人们看起来更优秀、更潇洒、更爽朗，那么这些产品和信息自然就能够变成社交货币，被人们大肆谈论，以达到畅销的效果。”

那么该如何为爆品打造社交货币呢？企业可以按照以下三点进行（见图6-3）。

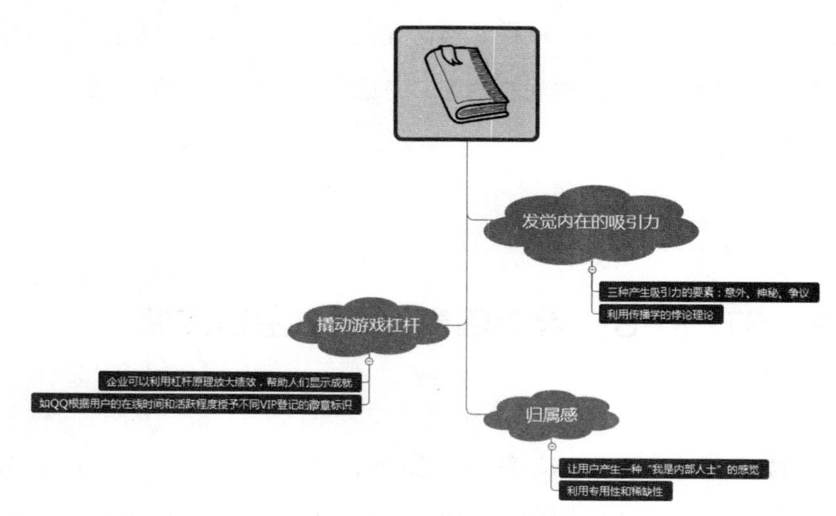

图6-3　打造社交货币的三大方法

6.2.1.1　发觉内在的吸引力

让爆品产生吸引力的要素有三种，分别是意外、神秘、争议。企业可以提出有悖于用户思维定势的爆品、思想或者服务，让用户感到惊异，从而印象深刻，这就是传播学中经典的悖论理论。OPPO手机为什么成为爆品？就是因为它打破了人们的思维定势。在以往，将手机充满电最少需要两个半小时，人们也习惯了这种充电方式。但是OPPO却打破了手机用户的思维定势，半个小时就能将手机电池充满，充电5分钟，就可以打2个小时的电话（见图6-4）。

图6–4　OPPO手机的充电功能

这种有悖常理充电方式，自然能让用户感到意外，而这意外就让OPPO手机具备了非常强大的内在吸引力，而使用过的用户自然愿意为这个吸引力进行传播。

6.2.1.2　撬动游戏杠杆

游戏杆杆是指企业可以利用杠杆原理放大绩效，帮助人们显示成就。比如南方航空公司根据乘客飞行的里程数，提供可以被识别的贵宾服务，并以此作为奖励乘客的依据。例如，满多少飞行里程就可获得一张免费机票；QQ根据用户的在线时间和活跃程度授予不同VIP登记的徽章标识（见图6-5）。这些有形可视的标志展示了用户超越他人的地位，满足了用户的虚荣心。

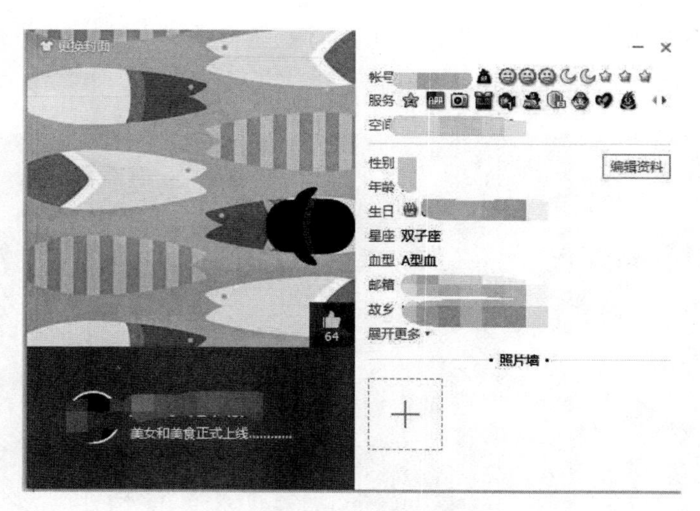

图6-5　QQ的等级标志

6.2.1.3　归属感

归属感是指爆品要让用户产生一种“我是内部人士”的感觉。可以运用专用性和稀缺性来增加用户的满足感与归属感，激发用户口口相传的欲望，促进爆品的流行与推广。譬如QQ每次推出新产品都会邀请部分用户参与测试，让用户评价新版本是否好用（见图6-6）。这么做，除了可以根据用户的反馈修改产品外，还能使满意的用户主动向其他用户推荐新版本。

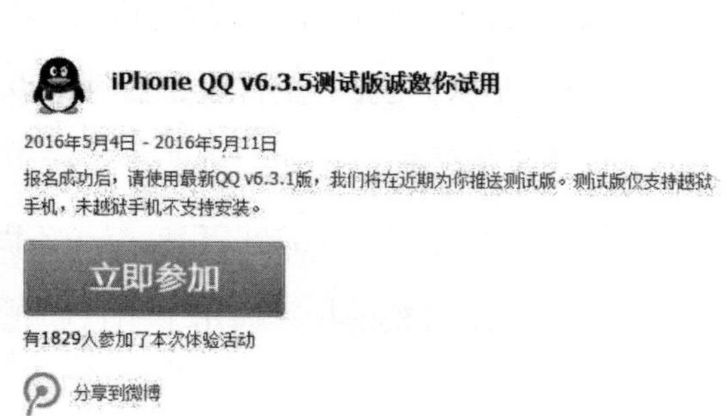

图6-6　QQ测试邀请

6.2.2 T：促因

T：促因（Trigger）。在为爆品做口碑传播时，光想到用户是不是喜欢你的爆品，是远远不够的，还要考虑到用户在某些场景下会不会想到你的爆品。有可能用户喜欢你这个爆品，但是用户却不会经常想到你的爆品。因此，企业需要为用户设置促因，让用户能时常想到你的爆品，然后时时推荐你的爆品。

怎样才能让用户在某些场景下，第一时间想到你的爆品呢？若要达到这点，那么企业就需要思考两个问题：一是哪些因素是属于激发因素；二是环境中有哪些因素是能够提醒用户想到的。找到这些问题的答案对于让用户第一时间想到你的爆品是非常有帮助的。

诱因会帮助用户激活对爆品的重复性口碑传播，其中要强调两个关键因素：一是建立链接；二是周边环境。企业需要为爆品和用户建立一个专属两者的特定链接，可以从用户的周边环境入手，比如电梯里的某个广告。

饿了么之所以能迅速爆红，并与美团外卖、百度外卖三分天下，就是因为在做口碑传播时，运用了“促因”技巧。用这个“促因”引发用户对饿了么的关注，继而让用户时时想起自己。饿了么在各大公交站、地铁站、社区的广告栏以及电梯广告牌上陈列广告（见图6-7），让用户能时时看到自己，然后在有外卖需要的时候想起自己或是向别人推荐自己。

图6–7　饿了么的地面广告

6.2.3　E：情绪

E：情绪（Emotion）。也就是爆品要让用户产生情感上的共鸣。乔纳·伯杰教授通过大量的实验证明，敬畏之情是最能驱动用户发生共享行为的情绪。

敬畏是一种发自内心的惊奇与震撼，是在用户视野得到开阔，实现自我超越的基础上形成的。在这种情绪的驱动下，用户会自发地传播。就像是苏珊大妈在达人秀的表演视频不断被转载，其原因就是苏珊大妈用她天籁般的歌声激发了人们对她的敬畏与钦佩之情。敬畏、消遣、兴奋等积极情绪都可以增加共享，实现口碑传播，同时，同情、愤怒等消极情绪也可以。

6.2.4　P：公共性

P：公共性（Public）。乔纳·伯杰指出："人们都有模仿和从众的心态，社会影响会产生集群效应，所以要让你的爆品足够‘跳得出’，引起别人的注意，才能吸引更多的人选择你的爆品。”

社会影响会产生集群效应，激发口碑的传播与共享。因此，企业如果想增加爆品与信息的公共性，前提就先增加它们的可视性与公开性。

比如微博上的博文都会显示发自哪个手机，如来自iPhone7、来自小米5、来自OPPO R9s（见图6-8）。这就是这些手机商们为自己所做的广告，这个广告起到了增加随时传播的公共性的作用。

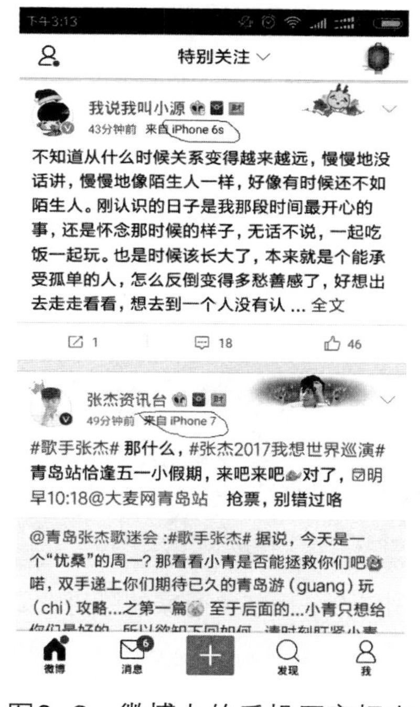

图6-8 微博上的手机厂商标志

6.2.5 P：实用价值

P：实用价值（Practical Value）。乔纳·伯杰指出：“与他人共享有用的信息，帮助他人解决困惑、揭示真相、节省时间，给人们带来快乐，让人们更加健康，这些实用价值会增强产品和思想的传播性。”实用价值是最容易被实际运用的，因为爆品与信息总会找到某个特定方面的实用价值。不过企业需注意的是，实用价值的成功运用的关键点是“如何让它脱颖而出”。

就像是促销降价，大部分的用户对降价都非常敏感。但是要突出爆品惊人的降价速度，就要使用100原则来呈现价格。

淘宝的双十一就是通过这个100原则让自己的实用价值“降价”得到了用户的认可，并引发用户的追捧。

比如京东上的一件20元的手套降价5元，那么商家就会告诉用户降了25%，让降价的数字看起来更有诱惑力；但是如果是2000元降价500元，就直接告诉用户价值500元。以100元分为界线，来决定使用百分比还是实际数字（见图6-9）。

图6-9　京东上商家的降价方式

6.2.6　S：故事

S：故事（Story）。乔纳·伯杰指出：“故事是一种最为原始的娱乐形式，故事更方便人们记忆，而且某一类的故事更方便大家的记忆。”从本质上来看，情节叙述会比基本实时来得更加生动，更容易被用户所接受，而故事丰富的情节可以包含很多社交货币以及有用价值的信息。用故事来代替广告，这一点也是我们一再强调的。

6.3　体验够极致，才有“自来水”

好口碑不是天上掉下来的，而是来自于爆品本身。只有爆品本身的体验够极致，用户才会给予好评，才会主动帮助你传播，才会成为“自来水”。那么，到底什么是极致的体验呢？企业又如何让爆品拥有极致的体验呢？

6.3.1　感知度越高，体验越极致

一个爆品的体验感到底如何，其主要的评判标准就是用户感知度。用户的感知度越高，爆品的体验就越极致。用户感知度可以分为以下五个维度（见图6-10）。

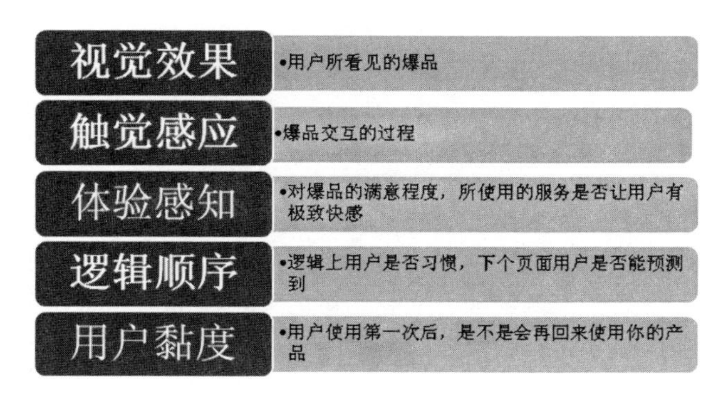

图6-10　用户感知度的五个维度

高德地图在这一点上就做得非常出色。现在我们就看看它是怎么做的（见图6-11）。首先，视觉效果。用户一打开高德地图，就可以看见自己所处位置的周边环境，可以迅速帮助用户了解环境周围都有哪些标志性建筑物和街道。其次，触觉感应。这一点是所有APP的共通点，直接通过触摸屏幕完成操作，用户想看其他的地方，只要放大放小即可。然后，体验感知。精确的定位与导航功能让用户非常满意。再次，逻辑顺序。高德的操作逻辑很简单，用户一看就知道如何使用，比如查附近，直接点击附近即可。最后，用户黏度。这一点，从高德是地图市场上的两大巨头之一，就可充分证明其用户黏性非常高。

图6-11　高德地图

6.3.2　爆品是否能回答5W1H的问题

按照上文所述的五个维度，测试一下自己的爆品是否符合了，全部符合了就代表你的爆品体验达到标准了。不过，爆品的体验若要达到极致的标准，就要看企业在设计时，是否回答了以下的几个问题（见图6-12）。只有你的爆品能回答上这几个问题，其体验才有可能达到极致的标准，才可能在用户感觉到的情况下不自觉地为爆品进行传播。

WHO	•哪些用户在使用我们的爆品？
WHAT	•用户最想要看到什么内容？
WHY	•用户为什么要看这些内容？
WHEN	•用户什么时候使用我们的爆品？
WHERE	•用户会在哪里使用我们的爆品？
HOW	•用户怎么使用我们的爆品？

图6–12　5W1H的问题

以QQ的“手机与电脑”的文件传输功能为例（见图6-13）。什么样的用户要使用这个功能？多是需要处理一些文件，又无法经常呆在PC端的上班族。用户最想要看到这个功能的哪些内容？传送速度更加快、传送的类型更加多样。用户为什么要看这些内容？因为工作或生活的需要。用户什么时候使用这个功能？在需要处理文件，但又没法在电脑上完成的情况下。用户会在哪里使用这个功能？文件需要紧急处理，但是又在外出的情况下。

图6-13 QQ的手机和电脑的“文件传输”功能

6.3.3 能不能用、好不好用、爽不爽

那么如何才能打造一个极致体验的爆品呢？企业可以根据以下几个方面进行（见图6-14）。

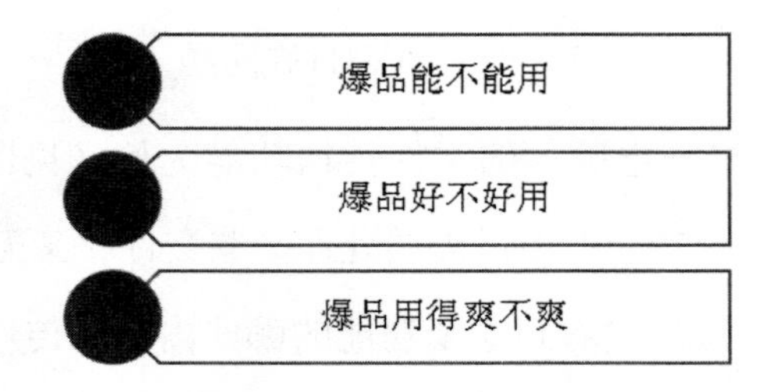

图6-14 打造爆品极致体验的三大方法

6.3.3.1 爆品能不能用

从功能性角度来看，当爆品提供了某种功能来满足用户的某个需求时，一方面指的是这个功能有没有用，也就是说用户在使用过程中能

否顺利地完成操作；另一方面指的是这个功能能不能用，也就是说，用户使用后是否达到了预期效果。如果是前者，就代表这款爆品的体验一般，用户来了一次就不会来第二次；如果是后者，也只是达到了爆品体验的一个基本的要求，这种只达到基本要求的体验是无法让用户成为爆品的“自来水”的。

从使用性的角度来看，用户选择使用某个爆品时，肯定会带着某些目的或者期望。当发现该爆品无法达到自己的目的或期望时，用户自然就会放弃这个爆品。任何爆品都不可能满足用户的全部需求，即使被誉为超级APP的微信和支付宝。但如果连目标用户人群的需求都不能解决，那这个爆品别说是称为爆品，连商品都算不上，就只是一款废品。一个没有用户愿意使用的爆品，功能性如果没有出现问题，那就是需求分析出现了问题。企业没有为爆品找到用户的真正需求，自然无法给用户好的体验。

6.3.3.2　爆品好不好用

爆品的好用程度会影响用户的留存程度，现在的市场竞争激烈，除非是蓝海，没有其他的竞争对手，否则都要考虑竞争问题。而有竞争自然就会有比较，同样功能的爆品，谁的体验好一点，谁的体验差一点，一比立马就能见分晓。

一般好用的评价标准是“在满足用户需求的前提之下，用尽量少的操作步骤去得到结果”。所以每个企业都不断地在优化自己的爆品的使用流程，希望在不影响满足需求的情况下，尽量减少操作的步骤。就像我们网购，同样的产品、同样的价格，但一个操作步骤需要六步，一个只需要四步，那么我们绝对会选择后者。爆品如果好用，用户的口碑自然就会形成。

6.3.3.3 爆品用得爽不爽

一款爆品如果让用户用得爽，那就代表体验足够极致了。这种极致的体验感很容易培养出忠实的用户。而忠实的用户数量越多，口碑传播的效果就越大。

好的视觉设计可以让用户产生愉悦感，就像人们喜欢看美女、帅哥一样。一个爆品的精致程度，一般都是先从外观上来衡量。良好的视觉体验会让用户觉得企业是在用心做爆品，无形之中增加对爆品的好感度。而让用户觉得“酷”的爆品，在使用过程中也能提升体验度。

让用户感觉爽的另一个标准就是爆品的使用体验有没有超出用户的预期。如果想让用户觉得“很好”，而不是“还行”，就要看爆品到底能超出用户的多少预期。一些企业为了达到这个预期效果，在爆品身上堆叠了很多功能，不管是什么功能全都往上加，到最后却失去了主要功能。其实，这是极其错误的做法。在爆品还未达到微信、支付宝这样的程度时，还是先要追求专注。企业选择一种功能不断地打造，这样才能让用户有极致的体验感。

6.4 好认、好记、好聊、好传播

什么样的爆品才容易引发传播？其实很简单，就是看看你的产品是否有“好认、好记、好聊”这三大特点，如果有，自然就能引发“好传播”。

6.4.1　为爆品创造鲜明的特点

为爆品创造鲜明的特点，这样才能让用户好认、好记、好聊、好传播。鲜明的特点体现为两种形式（见图6-15）。

图6–15　鲜明特点的两种呈现形式

某方面品质上的极端出众，其实指的就是做好产品。这一点大家都懂，无需赘言。某方面的极端特别，其实不一定和产品本身有关。

如何理解这句话？比如做茶的，就可以去追求“全世界最好喝的茶”，但是这个太难做到了，说了用户也不信。所以，不妨去追求其他的。比如林荣泰茶庄有限量版的顶级老白茶，比如海底捞中有让人惊叹的极致服务（见图6-16），比如庆丰包子曾经招待过国家领导人……这些虽然和爆品的品质没有直接的关系，但是属于让用户一听就能记住，让用户能够和他人热烈讨论的。

图6-16　海底捞的“服务宣传”

6.4.2　简洁不复杂

“简洁不复杂”，这一句话都快被人嚼烂了，但这并不妨碍它的有效性。任何爆品的创造都需要遵循这个原则，这是成为爆品的基本条件，要引发口碑传播更是如此，“追求简单”已经成为互联网界的至高法则。

从iPod的风行，到谷歌的大获成功，再到成为超级APP的微信，这些爆品都证明了“简单”比“复杂”更能打动用户，更能激发口碑传播。

6.4.2.1　爆品设计螺旋式发展：复杂—简单—复杂—简单

快捷、简洁本来就是人类最根本的需要，为了满足人类生活需求而提供解决方案是爆品设计进步的动力，因此其发展就是一条“复杂—简单—复杂—简单”的螺旋式上升之路。

爆品刚出现时，肯定是简单、笨拙的，因为不清楚、不知道如何做，所以才简单。就像微信刚面世的时候只有发送消息这个功能。但随着发展，企业对爆品的认识会越来越深，因此功能不断改善、增加，然后达到一个登峰造极的状态。最后到用户实在厌烦繁复的功能时，爆品再一次回归“简单的原始状态”。但这并不是退步，而是螺旋式的进步和上升。就像是微信，它最终回归的“简单”，并不是功能的不断删减，而是操作的极致简洁。用户看到微信时，第一感觉就是“简单”，但真正接触了微信的时候，又会感受到这种简单背后的强大功能。

从微信上我们可以明白一点，“强大的功能并不影响爆品的简单呈现”。简洁被认为是互联网最为普遍的美学特点，在互联网的世界中，要激发口碑传播就要先为爆品消除多余的元素，让爆品的核心功能凸显出来，最后让用户在传播的过程中有一个传播的核心点。

6.4.2.2　一个简单的点就能引发口碑传播

为什么你的爆品无法引发口碑传播？无法热卖？就是因为功能太多，用户不知道宣传什么，也不知道买回来到底要做什么用。一个爆品如果要打动用户，特点无需五个，一个就足够，一个能应答用户的核心需求的点，抓住了这个点就能引发口碑传播。

百度地图为什么能引发口碑传播，为什么能成为爆品？就是因为它抓住了这个点——“导航”（见图6-17）。对于车主来说，要想顺利到达目的地，需要购买高价的导航器，而且导航器的内容还并不完全，这是车主的最大的痛点；对于行人来说，如何在复杂的建筑街道、完全陌生的环境中快速找到目的地，更是一大问题。百度地图解决了车主与行人出行导航的需求，给出了一个完整的解决方案，自然能引发用户的口碑传播。

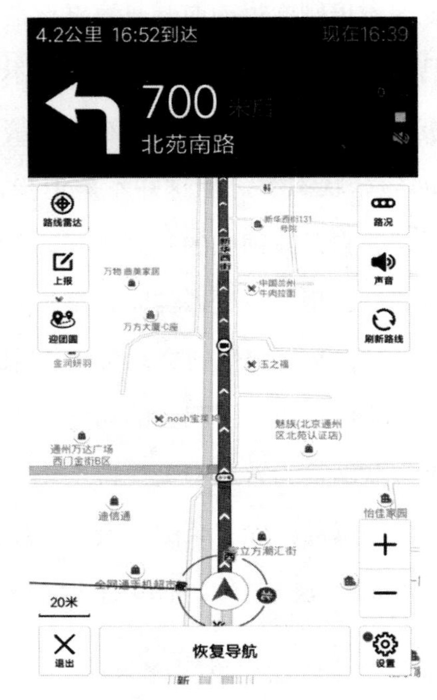

图6–17　百度地图的“导航”功能

6.4.2.3　像白痴一样思考，像专家一样行动

站在用户的角度思考问题，是爆品设计者的必修课。但是和用户交流时，往往会发现一个问题“你觉得好用的东西，用户根本不会用”。专业术语的堆砌让用户无法理解爆品，用户理解不了爆品，自然就不会用，更不用说为你的爆品做口碑传播。

所以，在设计爆品时，设计者不能把自己当专业的创造者，而需要把自己变成一个傻瓜去看爆品的功能。就像是“傻瓜相机”一样，即使是三岁小孩都知道一按就能拍照片。

6.5　创造激发口碑传播的话题

有话题才会有传播，有传播才会有口碑。如果企业能够利用好各种话题，就能快速地激发爆品口碑的传播。那么，怎样才能让话题成为口碑的润滑剂呢？这就需要从“话题”这个媒介入手，分析具体的方法。

6.5.1　公益话题最讨喜

无论何时何地，公益永远是最受人欢迎的，不管社会如何发展，总存在着一群需要被人关爱的弱势群体，对于中国这个发展中国家更是如此。企业如果能以爆品为载体去引导这样的话题，参与这样的公益活动，既彰显了企业的社会责任，又能在大众心里占据道德的制高点，给爆品树立正面的口碑。

6.5.1.1　关爱弱势群体

从心理学上看，人们普遍存在着“同情弱者”的心理倾向。所以，企业在爆品的宣传中引入对弱势群体的关注，自然能引发强烈的社会共鸣，与此同时，还能彰显爆品的良好社会形象。

为什么一直播的口碑会比其他直播软件的口碑要好？就是在公益上的差别。一直播把公益作为直播的重要内容来运行，譬如“爱心一碗饭”“画出生命线”“关灯一小时”等（见图6-18）。在进行这些公益项目时，一直播还利用了明星的影响力，扩大公益话题的影响范围，吸引更多人关注一直播所发起的公益项目。公益的话题影响力有多大，用户对一直播的口碑就有多好。这就是一直播的口碑比其他直播软件好的原因，也是一直播能成为爆品的根本所在。

图6-18 画出生命线

6.5.1.2 把公益当作事业，而不是一时同情

企业如果想通过公益为爆品树立正面的口碑，那么就不能因一时同情做一次公益，而是要像一直播一样，把公益作为自己的主营业务之一，把它当作自己的事业运作。如果只是一次性公益，用户反而会认为

你在借着公益炒作，留下负面的印象。所以，要想让公益话题持久且充满活力，并被大众所接受，就一定要把公益当作事业来做。只有成为了爆品经营活动的一部分，公益话题才会随着爆品的各种活动出现在用户的视野中，长久地占据舆论高地。

6.5.2　围绕爆品质量制造话题

对爆品来说，围绕着产品的质量营造话题永远不过时。因为对于用户来说，他们购买爆品，最关心的、最基本的要求还是质量，只有做好了质量才能讲情怀或其他的东西，所有的口碑宣传都是建立在质量之上的，没有质量，只能获得一时的关注。因此，企业如果能围绕爆品的质量来制造话题，就能最大限度地吸引用户的注意力，鼓励他们参与进来互动，继而为爆品赢得口碑。

6.5.2.1　口碑效应的形成过程

口碑效应的形成实质上是有一个过程的，具体呈现如下（见图6-19）。企业按照这个过程来进行，就能为爆品打造出好口碑。

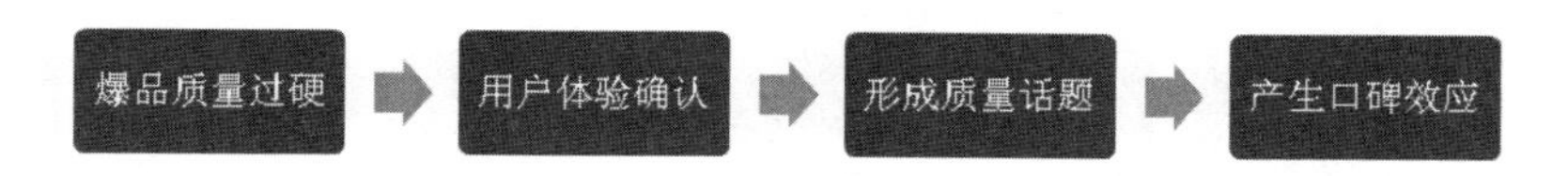

图6-19　口碑形成过程

6.5.2.2　持续打造质量话题

在爆品的运营过程中，想要树立良好的口碑，就必须持续不断地制造“质量过硬”的话题。这个话题不应局限于文字或者口头的表达上，还需要将之上升为一种经营理念，让用户能真实地感受到、体验到。

例如华为，华为之所以能成为中国企业的代表，就是因为它一直把“质量”当做自己的经营理念，不管是电器还是电子。除此之外，华为在口碑宣传上也一直把“质量”作为核心点。通过持续地宣传，加深用户对“华为制造高质量”的印象。

譬如华为手机挡子弹事件。2016年9月12日，英国《每日邮报》报道称，南非开普敦的西拉杰•亚伯拉罕斯在户外停车时遭遇劫匪开枪抢劫，劫匪在距离两米的地方朝其胸口开了一枪，但亚伯拉罕斯却大难不死，因为胸袋里的华为P8Lite手机帮他挡了一枪（见图6-20）。

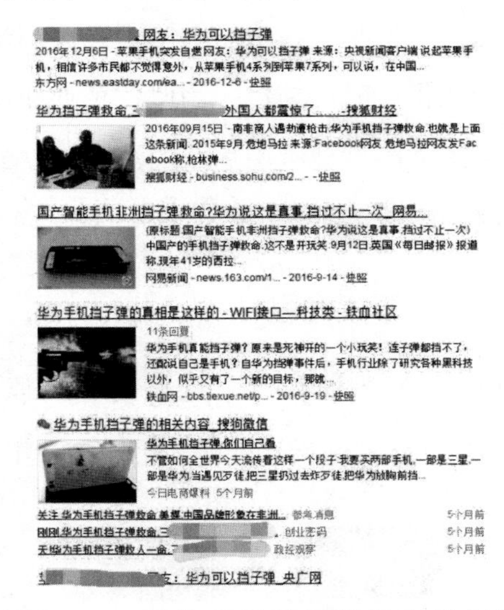

图6-20　华为手机挡子弹的相关报道

报道发出后，引起了全世界的关注，中国民众更对此热议不休，并纷纷称赞华为果然是“高质量制造”的代表。

6.5.2.3　让用户自己感受

企业想让自己的爆品质量形象深入人心，就必须给用户提供良好的体验。这样才能在体验中制造话题，让用户参与讨论，赢得潜在用户的信任。爆品质量好不好，并不是企业自己说了算，而是用户说了算。

唯品会在这一点上就做得非常好。唯品会刚推出时，用户并不相信真的可以买到低价正品的品牌商品。因此，其销售量和用户量都不是非常可观。但唯品会相信自己把广告打出来，让用户自己来体验，唯品会自己有实力，久而久之自然能获得用户的信任，引发用户的口碑传播。而事实证明，唯品会确实获得了用户的认可，在淘宝与京东两大电商巨头的压力下开拓了一片属于自己的、无人可轻易撼动的领土（见图6-21）。

图6-21　唯品会首页

6.5.2.4　用数据证明质量

爆品质量过不过硬，除了用户的亲身体验之外，企业还可在检测上制造话题。用户的体验其实是属于主观性的，是一种感性的认知。而数据则能够让用户更科学地、更理性地认识爆品的质量。用数据做出强有力的证明，制造更加口碑性的话题。

6.5.3 利用发布会制造话题

对爆品来说，发布会无疑是口碑营销过程中的重头戏。发布会是爆品与用户的第一次见面，用户对发布会上呈现的爆品的第一印象，决定了爆品的口碑走向，而口碑如何直接决定了爆品的影响力如何。因此企业一定要重视爆品的发布会，要善于利用发布会制造话题。

6.5.3.1 发布会必须有热点

每个事物要在短时间内受到关注，都必须有热点，发布会也是如此。一个充满话题的发布会在召开之前必须是精心策划过的，需要有一个热点话题，让用户在发布会结束后还能保持对爆品的高关注。

2016年10月11日，阿里巴巴召开“钉钉3.0发布会”（见图6-22），这是一款沟通与协同的企业服务类产品。钉钉3.0要想获得用户的关注，获得企业用户的认同，第一步就要先从发布会入手。为此，阿里巴巴的相关部门下了很多工夫，打造了许多可以引发持续关注的话题。譬如阿里打出了“有温度的工作”的主题，宣称钉钉3.0不止是为用户提供生产创造力的产品，也把关注点放在了员工身上，关注用户的幸福感。该话题设置得非常成功，发布会结束后，用户们都在讨论如何才能有温度地工作，钉钉是如何让自己有温度地工作。

图6-22　钉钉3.0发布会

6.5.3.2　话题元素与爆品相关

对企业而言，发布会最主要的目的就是把爆品推到用户和媒体面前。也就是说，在发布上，爆品是最重要的，是唯一的焦点。企业应该尽量引导话题围绕爆品进行，而不是抛开爆品去制造一些不相关的东西。一些企业经常会邀请明星来增加发布会的话题，但往往话题却脱离了爆品本身，而全围绕在明星身上。那么，这个发布会肯定是失败的。邀请明星可以，但一定要掌握好尺度。

6.6　讨好10000个粉丝，不如服务好1个KOL

什么是KOL，就是在人际传播网络中经常为他人提供信息，同时对他人施加影响的“活跃分子”。他们在爆品的口碑传播过程中起着非常重要的中介或过滤的作用。他们把信息扩散给受众，形成信息传递的两级传播。意见领袖（KOL）在某个范围中有着权威的地位，他的观念和信息会影响很多人。企业在宣传爆品的过程中，一定要打好与意见领袖的关系，利用他们的影响力为爆品塑造好的口碑。

6.6.1 寻找真正的意见领袖

现在的互联网越来越发达，每个社交产品中都充斥各式各样的意见领袖。那么，企业如何才能找到对爆品的口碑传播起到真正作用的意见领袖呢？可以按照以下的标准进行（见图6-23）。

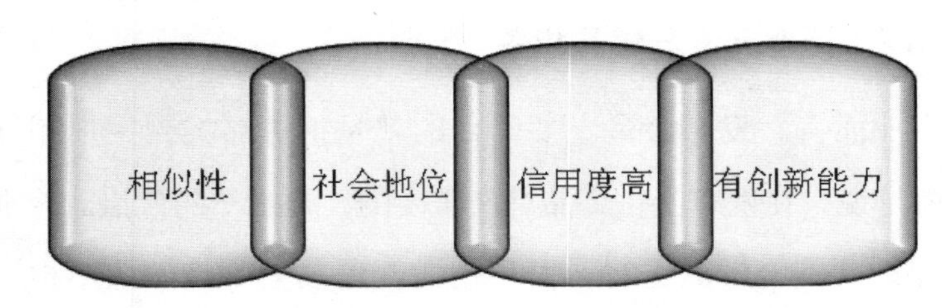

图6-23 意见领袖的四大标准

6.6.1.1 相似性

正所谓物以类聚，人以群分。意见领袖通常与其受众有着相近的价值观与处事态度。所以，企业在寻找意见领袖时，要与自己的爆品所处的行业和类别相关，与自己所针对的用户群相关。

比如近期很火的综艺节目《歌手》，为了提高节目的关注度和话题度，能更多地观众所熟知，节目组与微博上的一些音乐类大V达成了合作，让这些微博音乐大V在节目的过程中不断为节目宣传（见图6-24）。

图6-24　音乐博主"私人音乐厅"发布关于《歌手》的信息

6.6.1.2　社会地位

一般情况下，意见领袖的社会地位通常会比受众要略高一些，但也不是绝对的。地位的差异对意见领袖施展影响力是非常重要的。社会地位越高，意见领袖说服他人的影响力就越大。就像是为什么一些知乎上的大神、微博上的热门博主，往往能带领舆论的风向。

6.6.1.3　信用度高

与专门从事销售或是推广的人不同，意见领袖并不代表某个特定企业的利益。所以，意见领袖往往能够赢得受众的信赖，因为受众相信意见领袖是处在与自己同一阵线的人。如果爆品不好，而企业又没有给他好处，他为什么要给企业掩盖？同时，意见领袖也愿意花更多的时间与精力来研究相关的爆品，有着一定的专业度。这个专业度也是他们获得用户信任的根本原因。知乎上的一些大神就是因为能给用户非常专业的解答，才获得了众多用户的支持。所以，如果这些意见领袖说你的爆品很好用，用户就会相信是真的好。

例如美国电影《间谍同盟》在中国上映时，邀请了知名歌手张杰演唱全球主题曲《give you my word》，希望通过他的影响力扩大电影的知名度，提高电影的票房。为此，电影方在微博建立了相关话题，并邀请了许多知名人气博主参加话题。如拥有粉丝254万的音乐人气博主“私人音乐厅”也被邀请了该话题的宣传。该博主在微博上发布音乐视频，并介绍各种音乐知识，在微博音乐圈中颇具权威性，有很多粉丝支持他（见图6-25）。

图6–25　微博人气博主“私人音乐厅”宣传《间谍联盟》

6.6.1.4　有创新能力

意见领袖的创新能力并不特别表现为他们能够为爆品创造新的东西，而是他们能根据自己的经验、常识把握新的消费机会，而比较少受社会上现有的消费习惯影响。所以，意见领袖通常都是新爆品推向市场初期阶段的最早尝试者。

譬如2017年2月，小米推出“红米初音未来限量版”，并在微博上发起相关话题，邀请了许多知名微博博主参与宣传。“黯字伏DJrap”就是其中之一。该博主对于电子产品有着非常专业的了解，拥有相当专业的知识。小米在推出这款爆品时，该博主已经是使用者，并在微博上发布了相关的分析评价（见图6-26）。小米希望在这些具有创新能力的博主带领下，给这款手机带来好的口碑，推动该新品手机的销量。

图6-26　“黯字伏DJrap”对红米新品手机的分析和评价

6.6.2 如何让意见领袖主动“帮扶”

怎样才能让意见领袖主动为企业服务，帮助企业宣传爆品呢？具体来说，企业可以运用以下技巧来获得意见领袖的支持，让其知晓、接受、推荐企业的爆品，并主动为之进行口碑传播（见图6-27）。

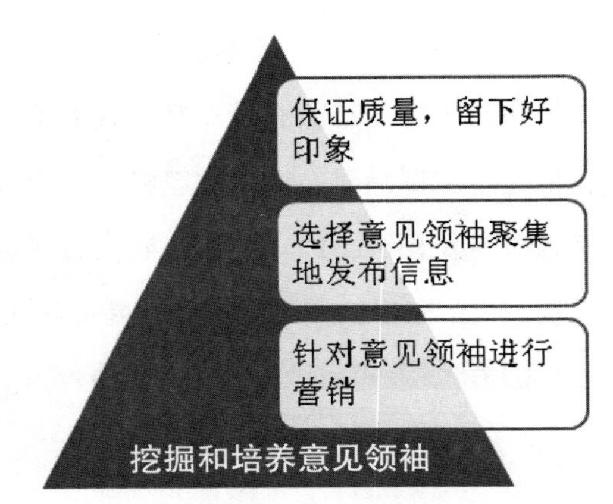

图6-27 获得意见领袖支持的四种方式

6.6.2.1 保证质量，留下好印象

要保证爆品的质量足够好，才能给意见领袖留下好的印象，这是促使他们做出关于爆品的正面口碑的关键。意见领袖大多有一定的专业知识，判断能力强，若是爆品的质量不过关，反而会适得其反。

6.6.2.2 选择意见领袖聚集地发布信息

选择意见领袖经常接触的媒介发布广告，以方便他们获取信息。现在大多数意见领袖都聚集在微博、豆瓣、知乎上。企业在推出新爆品时可以在这些媒体上发布一些通稿，以方便他们获取信息。

6.6.2.3　针对意见领袖进行营销

企业要注意收集有关意见领袖的个人资料，逐步建立意见领袖的资料库，然后利用这些资料，定时向他们发送一些爆品的相关信息。尤其是出新爆品或是新广告时，要优先送给意见领袖。在可能的情况下，免费让其试用新爆品，让其能在短时间内对爆品有全面的熟悉和了解。

6.6.2.4　挖掘和培养意见领袖

正所谓“物以类聚，人以群分”。现有意见领袖的身边，一定会潜藏着不少具备意见领袖素质的人物，企业应善于观察，同时通过现有意见领袖的推荐去发现更多的意见领袖。如果有可能，企业还可以培养一些意见领袖。譬如在微博上培养一些自己的人气博主，在知乎上培养一些企业的大神。

第7章　没有传播渠道，再好的产品也是库存

对于企业来说，如何做爆品推广是一件非常重要的事。仿佛投放看上去高大上的广告，又或者是铺天盖地的软文攻势，就能达到非常好的效果。其实并不然，爆品推广的效果不在于你花了多少钱，做了多少软文攻势，而是选择对的传播渠道。选择对了，你的产品就能成为爆品；选择错了，你的产品再好也是库存。

7.1 什么样的传播渠道，才配得上你的爆品

要想成功打造一个爆品，如何做好宣传推广是关键。有很多企业认为，只要投放看上去高大上的广告，或者是通过铺天盖地的软文优势，就能达到非常好的效果。实质上，爆品宣传推广的效果不在于你花了多少钱，而在于你是否选择了对的传播渠道。

7.1.1 互联网时代下的传播渠道

随着全球经济一体化进程的逐步加快，互联网在爆品传播过程中的作用越来越明显，互联网的诞生，彻底改变了传统媒体的割据。许多企业主动或被动地卷到互联网营销中，以至于如何在互联网时代做好营销推广，成为了企业打造爆品工作的重中之重（见图7-1）。

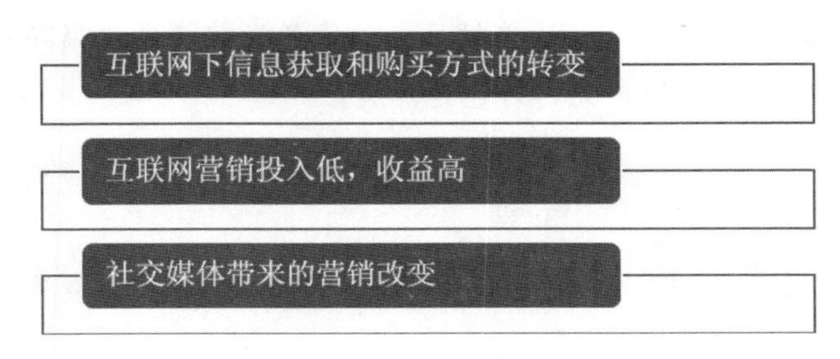

图7-1 互联网带来的三大转变

7.1.1.1 互联网下信息获取和购买方式的转变

在互联网时代，用户获取信息的途径发生了极大的变化。相互交流

的渠道和方式改变了，用户的购买习惯也发生了改变，以至于对爆品的评价标准也更加多样化。一款爆品可能就因为用户的一个好评而爆红，也可能因为用户的一个差评而就此告别市场。

现在的用户，从网上购物，从网上了解信息，这已经是他们生活中不可或缺的一部分。高速发展的互联网以其强大的功能改变着人们的生活方式与消费习惯，同时也改变着企业对爆品的营销方式。所以，如何利用互联网，如何选择一个合适的互联网传播渠道，成为了每个企业必须思考的问题。

7.1.1.2 互联网营销投入低，收益高

互联网营销实际上是一种创新的营销方式，其特点是投入低、收益高，是最广泛、最快捷的信息传播平台。与传统媒体和传播渠道相比，传播速度更快、影响范围更广、方式更加多样化、投入成本更低。

传统商业时代很少只打造一个爆品，企业的盈利一般都是通过多品牌、多爆品战略。但是在互联网时代，有了互联网各大渠道的高速、精准传播，一个爆品就能成就一个企业。

7.1.1.3 社交媒体带来的营销改变

微博、微信、博客、论坛等各种社交媒体的蓬勃发展，带来的是信息化传播的快捷与迅速。因此，社交媒体已经演变为爆品自我展示的一个重要平台。社交媒体颠覆了爆品的营销方式，从一定意义上来说，互联网时代的每一种爆品的用户都存在于社交媒体上。即使某个用户是沉默的，他周围的人也会在社交媒体上影响着他。由此我们可以看出，社交媒体的用户是成群结队地出现的，他绝对不是一个单独的个体。

用户在使用或购买某款爆品时更加注重爆品展示出来的感知印象与感知质量。也就是说，用户对爆品了解得越深，爆品的影响力就越大。因此，企业必须懂得利用社交媒体的影响力，懂得给自己的爆品选择一个合适的传播渠道。

2016年网红界的最大爆品是谁？那应该是非papi酱莫属。2016年3月，papi酱获得真格基金、罗辑思维等1200万融资，估值达到1.2亿。随后，团队又将视频贴片广告公开拍卖，由上海丽人丽妆2200万高价获得。其实，papi酱从2013年就开始做视频了，直到2016年才爆红，她靠的什么爆红的呢？靠的就是互联网、社交媒体的迅速发展。短视频、微博给了papi酱一个天然的宣传优势，微博上的每一个用户都是一个社群，只要她认为好的东西都会转发到自己的微博上，分享给关注自己的粉丝看，这样不断地循环下去，最终成就了papi酱这个网红爆品（见图7-2）。

图7–2　papi酱的微博

7.1.2　传播媒介选择的原则

互联网的传播渠道虽然能给企业传播爆品带来极大的帮助，但并不是说只要是互联网传播渠道，只要是社交媒体，企业都要在上面做广告、做宣传。俗话说“合适的才是最好的”，与爆品特性不相符的传播渠道，即使这个渠道拥有再大的影响力也没有用。既然如此，企业应该如何为自己的爆品选择一个合适的传播渠道呢？可以按照以下几个原则进行（见图7-3）。

图7–3　选择传播渠道的五大原则

7.1.2.1　根据目标受众特点

受众是传播的目标与对象，是信息的最终归宿。首先，企业要根据目标受众的实际情况来选择传播渠道。譬如你的爆品是一部电影，那么最好选择决定了电影口碑走向的“豆瓣电影”作为传播渠道。其次，根据目标受众对传播渠道的接触频率以及习惯来选择传播渠道。譬如你的目标用户在微博登陆的时间较长，属于微博上的活跃用户，那么就可选择微博作为自己的主营销地。

7.1.2.2 根据特性与影响力

不同的传播渠道有着不同的特性，因此适合的爆品传播信息也就不同。在选择传播渠道时，除了要考虑特性外，还要注意它的影响力。比如博客符合爆品的营销特性，但是现在博客的影响力越来越低，那么企业就不能将之作为营销的之主阵地。

7.1.2.3 根据信息特点

不同的爆品有着不同的信息内容，不同的信息内容有着不同的特点，企业需要根据自己的信息特点来选择符合信息特点的媒体。譬如微信比较适合长信息的宣传，而微博更为适合短信息的传播。

7.1.2.4 根据竞争对手媒介运用情况

每一款爆品都会面临无数的竞争者，因此任何一种信息得到传播，都会在类似的信息轰炸中分散用户的注意力。企业如果想在竞争激烈的信息传播市场中胜出，那么在选择传播渠道时，就要充分考虑该传播渠道的竞争情况，是否存在着大量竞争对手也在此做推广的情景。

7.1.2.5 根据经济效益

通常情况下，企业的广告资金都非常有限，毕竟不是每家企业都是资金雄厚的大企业，可以在广告上狂砸钱。所以，在选择传播渠道时，需充分考虑该传播渠道的质量和数量，以及其针对的用户是否与自己的爆品用户一致。目标越精准，企业需要的营销成本就越低，并非不是越贵的传播渠道，效果就越好。

7.2　微信：三个诱因激发朋友圈链式传播

自微信朋友圈广告上线后，就迅速在企业间引爆。第一轮引爆的宝马、vivo手机、可口可乐获得实际收益、话题效果都远远超过预期。微信营销的价值，之前一直是体现在公众号上的，除此之外就是朋友圈的转发，像这种直接的营销价值模式却是第一次展现。一直不愿意直接做广告的微信，怎么又突然愿意做广告了呢？为什么各大企业都这么热衷微信朋友圈这种新的广告模式呢？确实是因为微信朋友圈的广告价值空间太巨大了。

7.2.1　微信朋友圈的广告价值性

大家都知道微信朋友圈有着极高的营销价值，因此被许多企业所青睐，它的影响力对于企业打造爆品有着极大的帮助。口说无凭，我们从具体的数据来看看微信朋友圈到底有多高的营销价值（见图7-4）。

图7-4　微信朋友圈高价值的三大原因

7.2.1.1 庞大的用户数

截至2017年1月，微信已经覆盖200多个国家及地区，注册用户达到9.27亿，每月合并活跃账户数5.49亿，各品牌公众号800多万。如此庞大的用户数，广告变现的空间显然非常庞大。

7.2.1.2 基于熟人的关系链

微信在开发之初，就被定义为熟人社交工具，特别是朋友圈的关系链设计，是属于高度封闭的。也就是因为这个设计，保证了绝对的熟人交互，让朋友圈有了高效的信任背书。所以，虽然微信朋友圈的传播门槛高，但转化价值也非常高。

7.2.1.3 微信朋友圈的使用频次

相关数据显示，用户在微信上使用频率较高的内容是文字聊天和语音聊天，两者的比例都在80%，微信朋友圈紧跟其后，比例高达77%。张小龙在微信公开课上说过一段话："订阅号的阅读量大多数都是来自朋友圈，这与2/8分布原理相符，20%的用户数到订阅号中去挑选内容，而后80%的用户在朋友圈里去阅读内容。"由此可见，微信朋友圈的使用频率非常高。所以，直接在微信朋友圈做广告，效果也是非常惊人的。

从以上的分析我们可以确定，如果企业想要打造爆品，微信朋友圈绝对是一个非常好的营销渠道。

2015年1月25日晚20：45，朋友圈广告正式上线，截止到2015年1月27日早上，vivo手机的曝光量达到了1.55亿人次、该条广告点赞与评论的行为超过720万次、vivo的官方微信增加用户22万，大批的用户参与到vivo发起的"向音乐致敬"的主题活动中（见图7-5）。

图7-5　vivo拿下微信朋友圈第一条广告

vivo此次在微信朋友圈的成功上线，是其“乐享极智”音乐概念的一次漂亮落地，更是vivo一贯以来对目标群体社交习惯深刻洞察基础上的一次最正确的选择，而事实也证明了vivo手机的选择是正确的，让其vivo X5Max成为2015年最红的爆款手机之一。

7.2.2　三个引爆朋友圈分享的诱因

广告是微信朋友圈的营销新贵，那么朋友圈的分享机制就是营销的传统贵族，其营销价值和魅力绝对不会因为其他新的广告模式出现而有所减弱。那么，什么样的内容更容易引发用户的共鸣，诱发自己的爆品在朋友圈分享呢（见图7-6）？

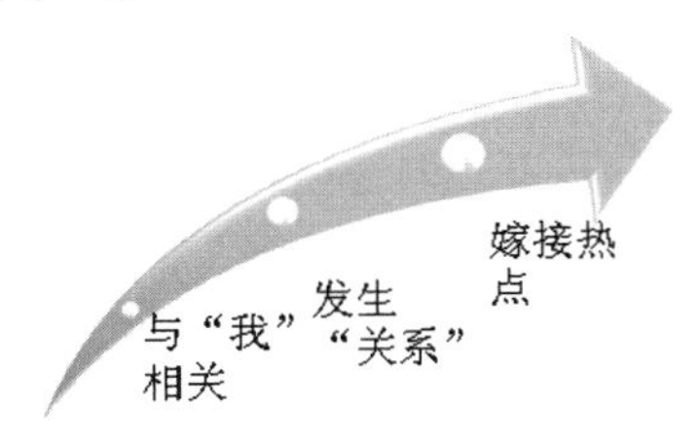

图7-6　引发用户分享的三大内容

7.2.2.1　与“我”相关

从心理学方面来看，每个人首先关注的是自己，同时也希望别人能关注到自己，这是一种潜意识的行为。就像我们在看合照时，第一眼看的肯定是自己，然后看的才是别人。所以，微信朋友圈的内容传播也是一样的道理。只有当爆品的内容是与用户自己相关时，用户才会主动地在自己的朋友圈分享。

7.2.2.2　发生“关系”

众所周知，微信朋友圈的逻辑是熟人关系链，而且相对于QQ空间来说更为极致，特别是那些希望保留一点隐私空间的人。用户对好友的点赞、评论以及回复也只有相同的好友可以进行与讨论。从某个层面来说，这是一个封闭的社交环境。这是缺点但也是优势，因为正是这种封闭的社交环境，造就了微信好友关系的绝对熟悉。这种熟悉程度可以提高用户之间的互动率和评论率。因此，在这种社交逻辑之下，如果企业想要在朋友圈内分享一个爆品的信息，那么首先就要让自己与朋友圈的好友发生关系，只有这样，你的爆品信息才会被不断地传播下去。

就像匿名社交应用“无秘”设计了一个H5应用——朋友印象（见图7-7）。它其实是一个分享到朋友圈的半匿名互动游戏，无秘设计了一系列的问题让用户选择，用户也可以自己设计问题，关联微信号后就可以把问题分享到朋友圈，好友点击链接就可对你进行匿名评价。无秘的这个H5游戏出来后，立刻火了起来，刷爆朋友圈，而无秘也因此成为了爆品。

无秘的朋友印象正是抓住了与用户发生关系的这个点，要知道，好友对自己的评价，这是每个人都想要知道的。而用户要想知道，首先就必须是分享。

图7–7　无秘的“朋友印象”引发疯狂讨论

7.2.2.3　嫁接热点

几乎所有的企业都懂得嫁接热点，这已经是一个营销的基本思维。在微信朋友圈做传播自然也不能例外，而且效果还能加倍。

现在，越来越多的用户喜欢在微信朋友圈发表自己的看法与立场，因为微信朋友圈的熟人关系可以让其在最短时间内得到反馈。由于这种反馈来自于朋友，用户的反应会更大。正是因为如此，这段时间内只要有热点事件，微信朋友圈就会刷屏。例如周杰伦结婚、林心如霍建华公布恋情等（见图7-8）。而这些事件，只要企业相应地借势，与自己的爆品信息结合到一起，其效果可以得到几倍的放大。

图7–8　林心如霍建华恋情在朋友圈引发的关注

7.3　微博：内容、粉丝、大V送你上热搜

微博一直是营销的重中之重，微博助力了许多爆品的诞生。所以，许多企业都把微博当作爆品传播渠道的第一选择。在微博营销的过程中，每一个粉丝都是企业潜在的营销对象。企业可以利用自己的微博或是其他微博营销大号向用户传播爆品信息，通过粉丝间的相互传播，以此达到目的。

7.3.1 抓住微博的两面性

每样事物都有优缺点，微博也一样，企业只有掌握了优点，了解了缺点并克服它，才能让其为自己的爆品服务。

7.3.1.1 微博的优点

微博之所以会成为企业做爆品宣传时的首选传播渠道，那么自然有其优势所在，其主要体现在三个方面（见图7-9）。

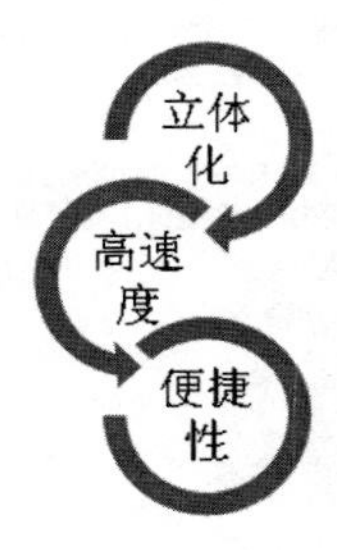

图7–9 微博营销的三大优点

（1）立体化。微博可以借助先进的多媒体技术手段，用文字、图片、视频等方式对爆品进行描述，让用户能够更加直接地了解到有关爆品的信息。

（2）高速度。微博最为显著的特征就是传播迅速，只要你的微博有一定的内容，能够获得用户的认可，那么微博信息就能够抵达微博世界中的每一个角落，在最短的时间内被最多的用户关注到。

（3）便捷性。微博营销与传统的广告方式相比，更具有优势。发布信息无须经过一道又一道的操作程序，可以为企业节省大量的时间与成本。

7.3.1.2 微博营销的缺点

任何事物都是两面的，有优点，自然也有其缺点，企业只有掌握了微博这个传播渠道的缺点，才能避免和克服它，让自己的爆品营销更具效果。

首先，需要有足够庞大的粉丝量才能达到传播的效果。人气是微博营销的基础，没有人气就很难有效果。

其次，微博内容的更新速度极快。所以，如果发布的信息粉丝没有及时看到，那很快就会被淹没在微博海量的信息中。

7.3.2　掌握技巧，玩转微博

并不是说微博有着天然的营销优势，就代表着所有的爆品都能够推广成功，这需要企业掌握一定的技巧（见图7-10）。

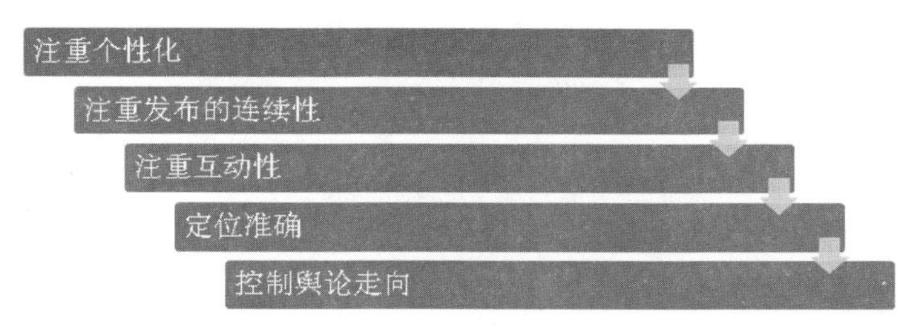

图7–10　微博营销的五大技巧

7.3.2.1　注重个性化

微博的特点是关系、互动。因此，即使是官方微博发送营销信息，也不能用一种冷冰冰的模式来进行。要给用户一种有感情、有思考、有回应、有自己特点与个性的印象，而不是一个冰冷的机器人。

如果粉丝认为你的微博和其他微博差不多，你的爆品推广信息与其他推广信息一样，只是换个名字而已，那么你的微博推广就是失败的。想要在微博上成功推广爆品，那么就必须塑造个性。这样的微博才具备高黏性，可以持续积累粉丝与关注，然后拥有不可替代的魅力。这样不止是眼前的一个爆品，任何一个爆品在你的微博的推广下都能迅速提升知名度，获得成功。

比如海尔，海尔就经常会在各大热点事件下做评论或是发表相关的博文，且内容非常有趣，常常会引发“原来你是这样的海尔”的感叹。海尔的这种个性化营销方式非常受用户欢迎，一改以往用户对制造型企业严肃、官方的印象（见图7-11）。

图7-11 网友对海尔微博风格改变的评论

7.3.2.2 注重发布的连续性

不管是企业的微博，还是官方发起的话题，都要注重爆品信息发布的连续性。微博就像是一本电子杂志，需要定时、定量、定向地发布内容，让用户养成阅读习惯。就像很多忠实观众会在周六晚8点10分打开电视收看《快乐大本营》一样，如果你的微博养成了用户的这种“观看习惯”，那就代表你的微博成功了。当用户登陆微博后，第一时间就是去阅读你的微博或浏览你发起的话题的动态。这才是微博营销的最高境界，尽可能地出现在用户眼前，让阅读微博中爆品的相关信息成为他们的一种习惯。

海尔的微博在这一点上就做得非常好，时刻注意微博热点，定时更新微博内容，养成用户的阅读习惯。不少用户都表示登录微博看海尔的相关动态已经成为了一种习惯（见图7-12）。

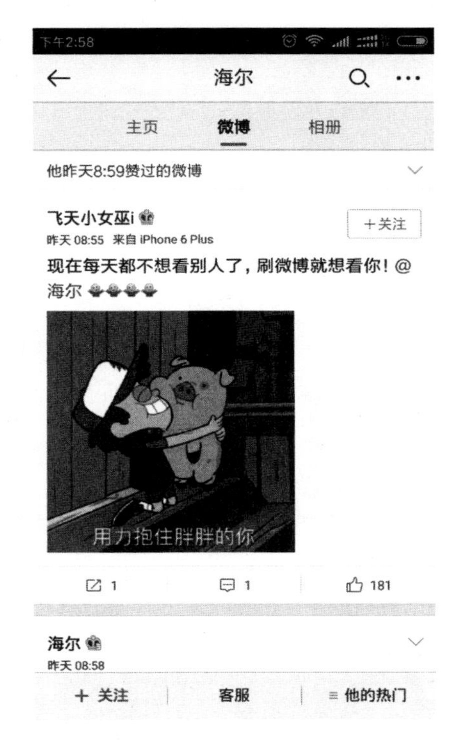

图7-12　用户养成阅读海尔微博的习惯

7.3.2.3 注重互动性

微博的魅力就在于互动。拥有一群不说话的粉丝，粉丝量再大也没有用。因此，互动性是微博持续发展的一个关键。经常发布一些有关爆品的活动，让用户获得参与感，或者时常回复粉丝的评论，让用户感觉自己被重视。企业能认真回复用户的留言，用心感受粉丝的思想，才能获得用户情感上的认同。

海尔在这一点上也做得非常好，它经常会回复、点赞、转发网友的评论，以此来拉近与用户的距离，提高用户对自己的印象（见图7-13）。

图7-13　海尔微博与用户互动

7.3.2.4　定位准确

微博粉丝多自然是好事，但是对于爆品的推广来说，“质”比“量”重要。因为爆品在微博能获得多大的营销效果，靠的就是这些有质量的粉丝。而这就涉及到了微博定位的问题。有不少企业抱怨：“我的微博粉丝有好几万，但是我在推广产品时，转发和评论量只有几十条，甚至几条。”这其中很大的原因就是因为定位不准确，导致僵尸粉存在。定位不准确，关注你的粉丝对你所推广的信息不感兴趣，因此不点赞、不评论、不转发，自然你的微博就没有活跃度。

7.3.2.5　控制舆论走向

微博不会飞，但是信息更新的速度却非常惊人。所以，当极高的传播速度结合庞大的传递规模时，其能产生的力量非常可怕。所以，不管是正面舆论还是负面舆论，企业都必须做到有效管控。正面的舆论就让其持续扩大，负面的舆论就要在短时间内消灭它。

7.3.3　微博话题是引爆产品最快的方式

相比于企业自建微博发布爆品信息，微博话题的引爆速度无疑更加快速。如果话题能引爆成功，得到的效果也会大上几倍。那么，企业应该如何通过微博话题引爆爆品呢？

7.3.3.1　迅速抓住热点话题

登陆到新浪微博后，即可发现时下最流行的话题，一般包括社会事件、国际事物、娱乐新闻等。企业可以挑选一个适合自己的，该话题没有主持人的，迅速抢占该话题成为话题主持人，掌握该热点话题的话语权，然后把热点话题的流量导入到自己的身上。

例如微博热门博主“神回复哥”为了提高自己的关注度，时常抢占微博话题的主持人，希望通过话题的热度来带动自己的微博人气。事实也证明他的选择非常正确，用户在关注话题时，也关注到了他的微博。如在2017年的情人节，他又抢占了“情人节找对象”的主持人（见图7-14）。

图7–14　微博博主“神回复哥”抢占热门话题“情人节找对象”

7.3.3.2　自建话题

热点话题也不是天天都有，即使有大多数也都被抢占了。那么鉴于企业推广爆品的需要，要选择一些话题推广爆品。此时，企业可以围绕主推关键词、营销互动或者爆品名称来创建话题，虽然热度没有热点话题高，但也有一定的受众，而且精准度更高。

譬如秒拍就趁着2017年情人节的热潮在微博上建立一个话题，话题名称为“秒拍情人节”，让用户在该话题上，通过秒拍发布与情人节相关的视频（见图7-15）。秒拍这种吸引话题、吸引关注的方法效果非常好。虽然阅读量只有4千多万，讨论度也才3.6万，无法与那些动辄几亿的热点话题相比较，但是它的精确度却很高。因为会关注和参加该话题的，大多都是秒拍的用户。

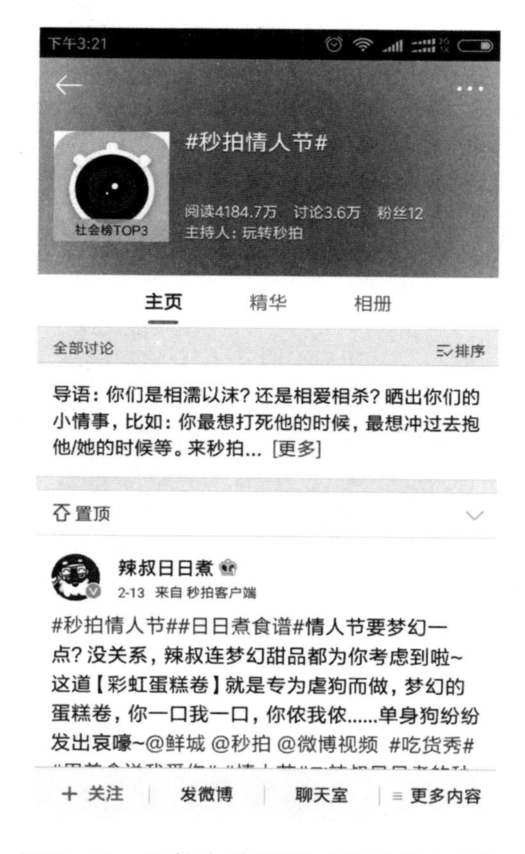

图7-15　秒拍自建话题“秒拍情人节”

7.3.3.3 吸引用户参与

企业在发布话题后要动用所有的关系让更多的人参与到话题的讨论转发中，企业可以寻找行业大V、微博达人来转发自己的话题，利用他们在微博的影响力提高话题的热度。

这一点秒拍也做得非常好。为了能让“秒拍情人节”受到更多微博用户的关注，秒拍找到了很多微博大V发布相关的话题，如拥有67万粉丝的“微小微”以及热门视频的微博博主“陈翔六点半”（见图7-16）。

图7–16　秒拍邀请大V增加话题热度

7.3.3.4　是否持续该话题

营销过后，企业要对是否需要持续维护该话题进行判断。因为，如果你不持续维护新浪微博的话题，话题主持人就会被别人抢走，从而失去了话题的话语权。其实，如果是一些热点话题，都有一定的时效性，过了这段时间就没人关注了。那么，企业在营销过后，就可以放弃，免得浪费精力。但是，对于与爆品相关的主要关键词或品牌词，无论如何都不能放弃，且还需要不断投入精力去维护。时间越久，企业得到的回报就越高。

7.4　豆瓣：高质引来高分，高分引来口碑

以往，企业只把豆瓣当作一个文艺青年的聚集地，但现在，大部分企业都把豆瓣当作自己的传播渠道首选。因为，豆瓣上的口碑对一款爆品在用户中的口碑会产生直接的影响。爆品如果能在豆瓣上获得高口碑，那么即使前期的销量不怎么样，也很有可能因为口碑效应而迅速提升销量。像电影《齐天大圣》、网剧《余罪》就是如此。

7.4.1　善用豆瓣推广的优势

豆瓣网相比于很多网站来说，它有着无可比拟的营销推广的优势。豆瓣网在社交网络中排名第二，Alexa中国网站排名第二十二，足以看出它汇集的用户量非常庞大。而像豆瓣网这种极度开放自由的网络环境，

无疑是企业在推广营销的必选渠道。豆瓣的优势主要体现在以下几个方面。

7.4.1.1 庞大的活跃用户群体

豆瓣拥有庞大的自发建立的小组，每天产生的话题数量高达百万。聚集了各种各样的人群，每一个都在豆瓣上找到自己喜欢的话题以及志同道合的组员。豆瓣网的主要用户群体是80、90后，遍布各个行业，主要是白领、高校学生、自由职业者，这类人群有着极高的消费能力。因此，如果企业在豆瓣网做爆品推广，一旦获得他们的认可，不管是转化率和营销效果都非常惊人。

比如豆瓣上的一个豆友在分享森海塞尔的IE60耳机，其分享的内容就是介绍这款耳机的性能如何，并夸赞了这款耳机确实好用（见图7-17）。该文章一发布就得到了不少豆友的认可，间接地促进了该款耳机的销售量（见图7-18）。

图7–17　豆瓣网友在介绍森海塞尔的耳机IE60

图7–18　网友对该文章介绍的认可

7.4.1.2　群发外链、高转化率

其实在豆瓣小组发外链是非常简单的，也可以获得很好的排名。一个个豆瓣小组就像是一个个小型的论坛，只要话题组织得当就能够获得高人气，为爆品带来庞大的流量与转化率。而且相比于其他的营销渠道，豆瓣的转化率更高。

比如“烧耳机”这个耳机发烧友的豆瓣小组，成员高达79596人，并链接多个友情小组（见图7-19）。如果耳机类的企业能在该小组中推广自己的爆品，获得该小组成员们的认可，不但能带来高人气，还能带来极高的口碑。

图7-19 豆瓣小组“烧耳机”

7.4.1.3 口碑多高，营销效果就多大

豆瓣最大的优势就是口碑，一旦爆品在豆瓣上获得了高评分，那么它就能给爆品带来极大的宣传效应。现在的电影、电视剧都把豆瓣的口碑作为重点的宣传项目，很多时候口碑的好坏直接决定了一部电影或电视剧的票房以及收视率，甚至是后续在各大颁奖典礼上的奖项。网上也有很多以豆瓣评分为标准为观众介绍电影、电视剧的文章，这些文章能为电影或电视剧带来不少的后续力量（见图7-20）。

豆瓣评分9.0不愧是综艺界的一股清流! 视频 太牛 4天前
豆瓣评分8.5绝不是因为他露了屁股.... 零点电影院 5天前
豆瓣评分9.2最近最值得一看的韩剧应该是这部!!! 我爱看韩剧 4天前

豆瓣电影排行榜
[图文] 豆瓣新片榜 2016-11-18（中国大陆） / 2016-09-08（多伦多电影节） / 范冰冰 / 郭涛 / 大鹏 / 张嘉译 / 于和伟 / 张译 / 李宗翰 / 赵立新 / 田小洁 / 范伟 / 高明 / 刘桦 / 黄建新 / 李晨 / ...
豆瓣电影 - movie.douban.com/c... - 2017-2-4 - 快照

豆瓣评分的最新相关信息
#大明王朝1566# 今日开播！黄金会员任性看全集！...
新民网 2天前
豆瓣评分9.5、@张黎 #刘和平# 加持、#陈宝国# @演员黄志忠 主演！十年经典，遗珠再现！国剧巅峰在等你！ http://t.cn/RJaDfMr 免责声明：本文仅代表作者个人观点，...
极限特工：终极回归4天近5亿票房 极限特工3豆瓣... 四海网 2天前
豆瓣评分8.5，绝不是因为他露了屁股 中华网 17小时前
历史正剧回暖 要宣发《大秦帝国》豆瓣评分8.9 华夏经纬 23小时前
这部豆瓣评分9.2的国产纪录片要火，从未见过如此... 新浪新闻中心 6天前

豆瓣高分电影榜（上）9.7-8.6分
统计豆瓣"电影"评分总排行榜，随时更新。入选要求：评分大于等于8分，且评星人数不少于2000人。区别于http://movie.douban.com/doulist/107486/【豆瓣五星电影集中营】...
豆瓣 - www.douban.com/doul... - 2017-2-9 - 快照

豆瓣评分最高的20部电影,你看过几部？_李毅吧_百度贴吧
832条回复 - 发帖时间：2012-08-05
豆瓣评分最高的20部电影，你看过几部？一楼吃翔 TOP1 肖申克的救赎 The Shawshank Redemption 9.5分 1946年，年青的银行家安迪（蒂姆•罗宾斯 Tim Robbins 饰）被冤枉杀了...
百度贴吧 - tieba.baidu.com/p... - 2012-8-5 - 快照

豆瓣评分最高电影250部_百度文库
Word文档 - 6页 - 59.50KB
豆瓣评分最高电影250部 1 肖申克的救赎 9.5 2 美丽人生 9.4 3 海豚湾 9.5 4 这个杀手不太冷 9.4 5 阿甘正传 9.4 6 霸王别姬 9.3 7 盗梦空间 9.3 8 辛德勒的名单 9.3 9 机器人总动员 9.2 ...
豆瓣评分9以上的77部电影排名 百度文库 6页
豆瓣评分最高的250部电子书[新版] 豆丁 9页

图7-20 网上以豆瓣评分为标准介绍电影、电视剧的文章

7.4.2 豆瓣推广技巧，不止是发帖

对于很多企业来说，可能没有接触过豆瓣网推广，或仅仅停留在发帖推广的阶段。其实，豆瓣上还有很多宣传推广的方法，可以帮助企业有效推广爆品。其主要可概括为以下几种（见图7-21）。

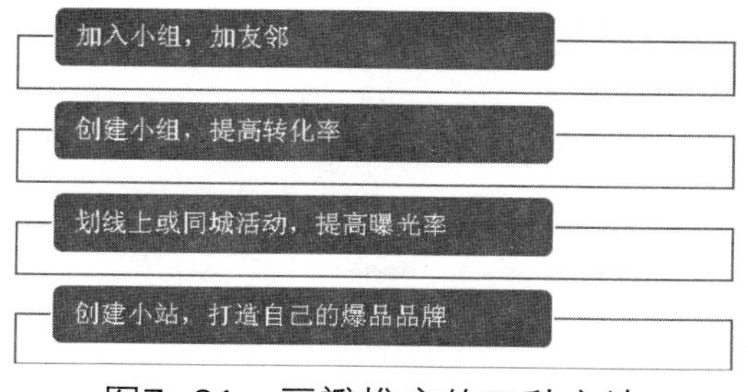

图7-21 豆瓣推广的四种方法

7.4.2.1　加入小组，加友邻

在注册与完善豆瓣账号资料之后，最基础和最重要的就是加入小组与友邻。企业可以加入和推广的爆品相关度高、人气也较高的小组，也可以关注活跃度较高的豆友。加入的小组与友邻的基数越大、质量越好，之后的推广效果就越好。

企业需要注意的一点是，一般的小组都是杜绝广告的。因此在小组发帖与回帖时，要尽可能地发布一些与小组话题有关或广告不明显的信息。

如在网友问哪款耳机比较好或是这款耳机怎么样时，企业可以在下面给该网友做一个推荐（见图7-21），如此既能推广自己的爆品，又不会暴露自己的广告意图，一举两得。

图7–21　在豆瓣评论下做推荐

7.4.2.2　创建小组，提高转化率

其实，自己建立一个小组，比在别人的小组里面发帖要有效得多。但是在小组运营的初期，要注意以下几点。

第一点，小组的主题定位与爆品的定位不同，要广泛一些，不能太过细分，否则没有人气。譬如是一个读书类的APP，那么就可以以“阅读分享”为小组的定位。

第二点，在小组建立的前期，小组的介绍页面要亲切且有煽动性。

第三点，前期的10000个用户，需要企业主动去邀请，同时还要从中选出有才能的人搭建起小组的管理团队。如果所创建的小组达到了一定的人气，就能得到豆瓣的推荐（见图7-22）。

图7–22　豆瓣特别推荐的小组

7.4.2.3 策划线上或同城活动，提高曝光率

豆瓣网的“同城活动与线上活动模式”一直都做得非常成功，在用户中颇有口碑（见图7-23）。它不仅有很高的关注度与参与度，更有一大批媒体人采集同城活动信息。所以，豆瓣上的活动一直都有很高的转载率和关注度。企业在创建同城活动时，可以通过在小组内发布信息推广活动，以及邀请友邻为活动前期积累人气。前期人气越高，用户及媒体的关注度就越高。

图7-23　企业可以在豆瓣上发起同城活动

7.4.2.4 创建小站，打造自己的爆品品牌

如果企业想为爆品塑造一个品牌形象，那么就可以在豆瓣上建立一个小站（见图7-24）。如果说小组就像是一个小型论坛，那么小站就相当于主题网站。在这个小站中，企业可以随心所欲地发布与爆品相关的信息。而且只要运营得好，小站就可以在豆瓣上获得较好的排名，一旦

能排到前列，爆品的曝光率将得到极大的提升。

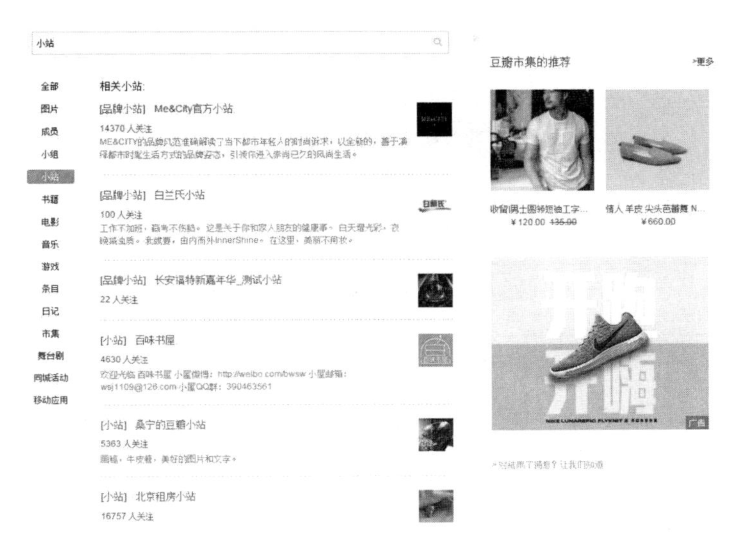

图7-24　各企业在豆瓣上发起自己的“品牌小站”

7.5　直播：六个套路，让你边播边红

在互联网化和视觉化越来越占主流的今天，视频媒体已经成为与用户沟通和互动的最有效的方式之一。直播作为视频媒体的新生代表，在2016年呈现了井喷趋势。直播这个新生事物给企业带来了新的营销机会，各大企业纷纷试水直播营销后，都获得了非常不错的效果。

7.5.1　四大优势，一一掌握

直播营销是一种营销形式上的重要创新，也是体现互联网视频特

色的重要板块，对于爆品推广而言，直播营销有着极大的优势（见图7-25）。

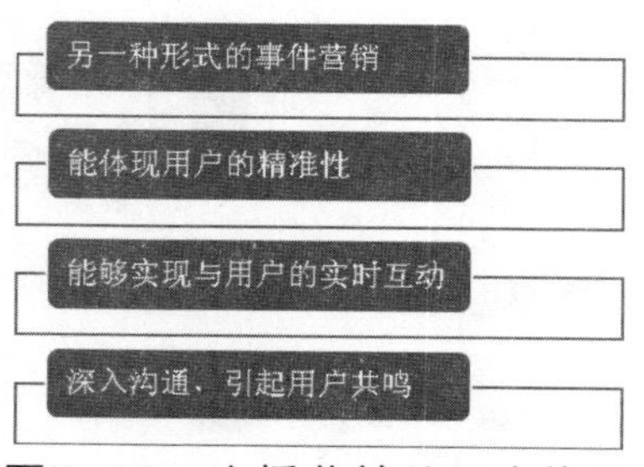

图7-25　直播营销的四大优势

7.5.1.1　另一种形式的事件营销

从某个角度来看，做直播就是另一种形式的事件营销。除了本身的广告效应，更为明显的是直播内容的新闻效应，同时还具备着极强的引爆性。如果加以其他方面的配合，一场直播就能引爆一个产品。2016年7月30日至8月1日，AudiSport嘉年华活动期间，奥迪与多家自媒体合作进行了直播，并邀请了17位优质网红参与直播，提高直播的关注度（见图7-26）。整个直播活动期间，直播平台累计播放超过88次，直播总时长约120万人次，引发业内不少关注，网友对此更是热议不止。奥迪成功地把直播做成了一次效果甚好的事件营销。

图7-26　奥迪直播现场

7.5.1.2　能体现用户的精准性

在观看直播视频时，用户需要在一个特定的时间共同进入播放页面，而这种播出时间上的限制，可以真正识别并抓住哪些人群是自己的目标人群，对爆品做精准营销有着极大的好处。

比如明星在一直播上做直播，一般都会提前发预告微博，关注他的粉丝获取到直播信息后，就会在微博上等明星开直播。通常会花时间等明星开直播的都是这个明星的粉丝（见图7-27）。

图7–27　明星直播

7.5.1.3　能够实现与用户的实时互动

相比于传统的视频模式，直播最大的一个优势就是能够满足用户更为多元化的需求（见图7-28）。用户不仅可以单向观看，还可以发送弹幕，向主播表达自己的各种情绪。不喜欢就吐槽，喜欢就直接打赏礼物，甚至还可以动用民意的力量改变节目进程。这种互动的真实性与立体性，也只有在直播中可以完全展现出来。

图7–28　直播的评论和礼物

7.5.1.4　深入沟通，引起用户共鸣

在这个碎片化、去中心化的互联网环境中，用户在日常生活中的交集越来越少，尤其是情感层面。直播，这种新型的内容播出形式，能够让一批具有相同志趣的用户聚集在一起，聚焦在共同爱好上。志同道合者之间的情绪更容易感染人。如果爆品能够在这种氛围下，做到恰到好处的推波助澜，其营销效果肯定能达到几何式增长。

7.5.2　直播营销的热门关键词

企业如果想通过直播宣传自己的爆品，那么关于直播的一些热门关键词是必须要掌握的。主要包括以下几个（见图7-29）。

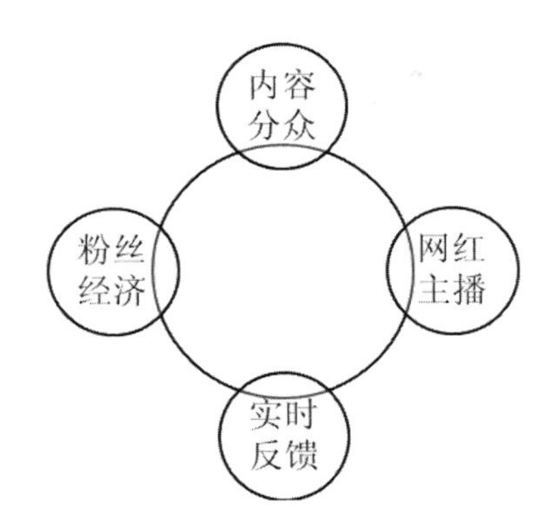

图7-29　直播营销的四大关键词

7.5.2.1　内容分众

直播平台的最大特点就是制作门槛低，以第一视角以及后期无法修饰的第一现场为主，因此每个人都能成为视频直播的主播。而低门槛的特点保证了直播平台可以海量生产不同的的话题、不同兴趣爱好、不同角度的内容，可以充分保证用户的各种不同的内容需要。

7.5.2.2　网红主播

网红主播是视频直播的特色产物，网红经济也成为2016年最热的经济名词之一。最热门的网红直播往往有上百万的粉丝以及百万计的收入。譬如电竞解说类主播小智，2016年，微博粉丝达到234.6万，最高直播观看人数达250万人，单品销量6687件，身价高达1700万人民币，年收入1.3亿。

7.5.2.3　实时反馈

在直播过程中，主播可以随时收到反馈，并针对反馈做出相应的调整。粉丝可以通过留言、打赏的形式表达对主播的喜爱。主播的收入之一就是依靠粉丝的这些打赏。

7.5.2.4 粉丝经济

视频直播平台上会形成碎片化的、规模大小不一的粉丝群，这些粉丝都非常愿意为喜欢的内容买单。根据报告显示，游戏直播用户有38%的人都愿意为内容付费。

7.5.3 直播营销的三大公式

有些企业认为直播很难，这个难并不是说开个直播难，而是开了直播没有任何效果。其实，这个世间任何事物都是有规律可循的，直播也一样，也有一定的规律、公式可供企业参照。企业只要把握好了这三个公式，就一定能通过直播达到自己的营销目的。

7.5.3.1 品牌+直播+明星

每个直播平台都有成百上千个主播，为什么用户要观看你的直播？看明星显然是用户的第一个理由。明星的效应向来强大，如果邀请明星来为自己的爆品做宣传，那么一下就能抓住眼球并产生轰动效应，且能为爆品带来爆炸式的销量增长。

在这一方面最为典型的就是欧莱雅的“零时差追戛纳”（见图7-30）。在2018年的戛纳电影节上，欧莱雅全程直播了巩俐、李宇春、井柏然等几位代言人在戛纳现场的台前幕后。直播后，李宇春的同款唇膏成为了爆品，四小时即售罄。

图7–30　欧莱雅直播明星代言人参加戛纳电影节

7.5.3.2　品牌+发布会+直播

除了邀请明星之外，国内企业最常用的一种直播就是发布会直播，如果加以适当的炒作，这款产品在发布会上就能成为爆品。发布会直播有很多好处：首先，减少了场地费用，降低了成本；其次，覆盖的粉丝参与度得到了有效提升，每个人都可以向支持发布会的企业代表提问有关所推爆品的问题。需要注意的是，发布会直播不是任何人都能做的，要考虑到出任主播的企业CEO的临场能力，如果能力不强，很容易搞砸。WPS就经常做发布会直播，而且效果非常不错（见图7-31）。

图7-31 WPS发布会直播

7.5.3.3 品牌+直播+企业日常

万事皆可直播，既然公开的发布会可以直播，那么对于一些不公开、甚至半公开的企业活动，也能进行直播。社交时代，营销强调的是说人话、拟人化。企业如果像普通用户一样分享关于自己的生活点滴，分享所推爆品的有关事项，那么这也是与用户建立更密切关系的有效社交方式之一。

第 8 章　打仗要好武器，爆品也要好工具

打造爆品就像是一场“战争”，士兵的军事素质再好，如果没有好的武器来帮助，那么也是必败无疑，更遑论在如今这个信息时代，“以肉相搏，人海战术”早已不可取。所以，要打造一款好的爆品，也需要好工具来辅助。

8.1　广告语：一句话定义你的爆品

有三样东西是爆品必不可少的：第一样，爆品名称与属性名称，其作用是代表你是谁；第二，广告语，其作用是定义爆品，传递爆品的价值；第三，LOGO，其作用是代表爆品的个性与视觉记忆点。

其中，广告语是重中之重。有些人认为，广告语是爆品打造完成后才需要的，还在试错与迭代的爆品是不需要的。其实，这是错误的想法。不管在哪个阶段，爆品都需要广告语。好的广告语可以深深地打动用户，让企业的爆品在剧烈的市场竞争中占有一席之地。

8.1.1　优秀广告语的标配

那么，什么样的广告语才是优秀的广告语，才能正确地定义爆品，传递出爆品的价值呢？其需要具备以下几个特点（见图8-1）。

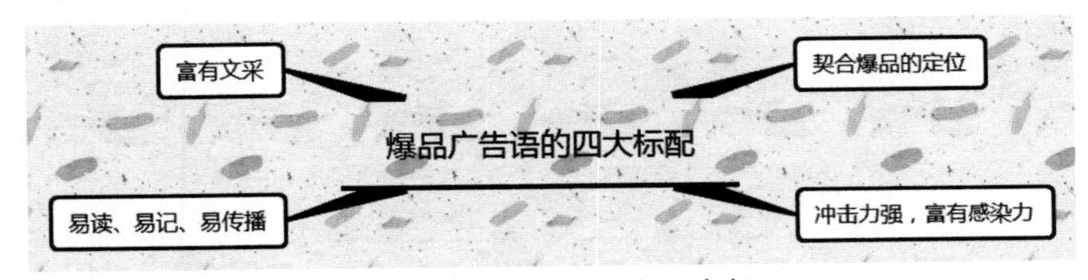

图8–1　爆品广告语的四大标配

8.1.1.1　契合爆品的定位

广告语是品牌主张的一个核心载体，它在爆品的宣传推广中起到非常关键的作用。事实上，不管是什么样的宣传活动，定位都是先决条件。广告语也是如此，必须符合爆品的定位。在定位的基础上进行创作、提炼，形成一句有效的传播口号。

比如“换个姿势学英语”的爽哥英语，短短的一句话，就将其与其他英语学习软件不一样的模式说出来了，这符合爽哥英语的定位。与传统中英互译的英语学习软件不同，爽哥英语主打“母语式学习方法”，让用户在纯英文的环境中学习英语。“换个姿势学英语”这一句话，完全将其的模式定位表达了出来。

图8-2　爽哥英语的广告语

8.1.1.2　冲击性强，感染力足

好的广告语能够打动用户，让其在情感上产生共鸣，从而认同它、接受它，甚至主动去传播它。就像是“我家过年不收礼，收礼只收脑白

金”，即使过了十几年，人们依然对它记忆深刻，张口就能准确地说出这句广告语。

8.1.1.3　易读、易记、易传播

广告语创作的目的就是为了传播，所以它应具备让用户易读、易记的特点。没有生僻字、读起来也不拗口，用户一听就能记住，且具有流行语的潜质。企业在为爆品设计信息时，要注意信息的单一性，6～12个字即可，不要太多、太长。卖点太多、语句太长，都不利于记忆和传播。

譬如微信的“再小的个体都是一个品牌”，小米的“为发烧而生”，爱奇艺VIP会员的“轻奢新主义”（见图8-3）。这些广告词虽然很简单，但却能一语中的，让人印象深刻。

图8-3　爱奇艺会员广告语

8.1.1.4　富有文采

优秀的广告语是能让人回味良久的，譬如“钻石恒久远，一颗永流传”“你是我的优乐美”等。

不过，需要注意的是，广告语不是玩文字游戏，更不是华丽辞藻的

堆砌。所以，无需讲究诗一般的意境，只要注意用词用句，保持结果、语法的正确性即可。

8.1.2　多种角度、多种创作方向

广告语的创作其实有很多种角度，当然，还必须结合前面所说的符合定位、易于传播等因素综合进行考虑，常见的角度包括以下几种（见图8-4）。

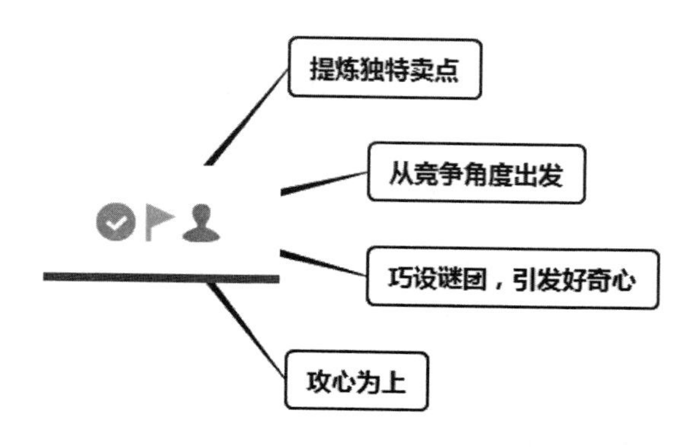

图8-4　广告语创作的四大角度

8.1.2.1　提炼独特卖点

根据爆品与其他爆品的不同之处，诉求产品特征，以用户能直接看到的价值点来吸引它们。

比如沪江开心词场的广告语就把该软件的独特卖点提炼了出来（见图8-5）。背英语单词对于许多英语学习者来说是最枯燥无聊的，死记硬背的结果，不止是让人感觉厌烦，其效果也不怎么样。而沪江开心词场的独特卖点，就是让背英语单词变得轻松、有趣，且效果更好。“原来

背词也可以很开心”一句简单的话就体现了沪江开心词场的核心。

图8-5　沪江开心词场的广告语

8.1.2.2　从竞争角度出发

独辟蹊径，寻找不同的细分市场，或者是从竞争角度出发来诉求爆品的地位。譬如七喜汽水的非可乐，每个Avis的“我们是老二”。

8.1.2.3　巧设谜团，引起好奇心

采用提问的方式，引起用户追寻答案的好奇心，以此来引起用户的注意。比如屈臣氏苏打水的广告语“你能说出它的味道吗？”

8.1.2.4　攻心为上

从心理上诉求爆品能给用户带来的利益，也是吸引用户注意力的一

种有效方式，特别在产品同质化越来越严重的情况下，在难以找到爆品的独特卖点时，这种方法特别有效。

8.1.3　禁止入内，广告语创造禁忌

在广告语的创造过程中，有一些禁忌，企业是绝对不能触碰的，总结起来有以下几点。

8.1.3.1　没有特点

一些广告语只是表现了爆品品类共同的因素，却没有表现出爆品的独特之处。就像宣传饮料，直接说“好喝”；宣传洗衣粉，直接说“洗得干净”；宣传交友软件，直接说“聊天”一样，太过大众化，没有差异性。

8.1.3.2　要得太多

什么都想说的广告语，结果就是什么也说不好。广告语创作被奉为圭臬的就是“只说一点”这简单的四个字。只要把一点说好，就够用了。只要这一点对用户有吸引力，就能打动用户。

支付宝在这一点就做得非常好，支付宝的功能非常齐全，几乎涵盖了用户生活的方方面面，小到洗衣，大到订飞机票都包含了。可是，它的广告语却没有让人产生一种繁杂感，一句“改变，因我而来”，就直接说明了支付宝改变用户生活习惯的特点（见图8-6）。

图8-6 支付宝的广告语

8.1.3.3 写得太复杂

上文有述，太长、太复杂的广告语会让用户的理解和阅读产生障碍，不利于传播。所以广告语的语言一定要精炼，能够达到一针见血的效果。

8.2 海报：读图时代，有图才有真相

有人说，现在已经进入“读图时代”，读图是一种风尚，更是一种习惯。“一图胜千言”，图画的生动、现场感给人带来的视觉冲击，是任何语言的描述都无法企及的。而现在，图像的力量在爆品的宣传过程中越来越明显，给爆品制作各种各样的海报，已经成为了必须。

8.2.1　颜色的力量

在设计中，颜色具有无限的可能性。它可以传递能量，表达情绪，吸引用户的注意力。根据海报的不同主题，颜色的使用和技巧都是不同的（见图8-7）。

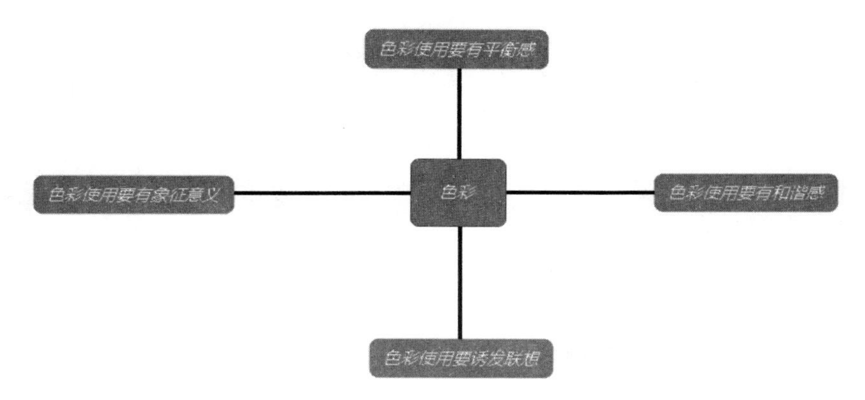

图8-7　海报色彩使用的四大技巧

8.2.1.1　色彩使用要有平衡感

色彩的平衡是指人的视觉所感受到的一种力的平衡，从颜色区域的分布、不同的亮度、纯度、材料的变化，所造成的视觉以及心理上的一种平衡感受。要让海报的颜色具备平衡感，就需要注意轻重色、明暗色以及对比色、互补色等的搭配。除此之外，还可以通过改变位置或是调整区域大小来获取色彩的平衡。

湖南卫视的音乐竞技节目《歌手》的海报就非常具有平衡感（见图8-8）。该海报是以金色和黑色为主，“歌手”两字突出金色、周围的分布则突出黑色，并搭配白色“云朵”，其区域大小非常平衡，避免了突兀和喧宾夺主，让“歌手”两字得到了最大的体现。

图8-8　湖南卫视节目《歌手》的宣传海报

8.2.1.2　色彩使用要有和谐感

色彩拥有深浅浓淡不同的色阶与色相。两者经过互相调和与对比后，就可以穿凿出各种不同的色彩情感，让用户感受到色彩带来的爆品美感。所以，色彩搭配的和谐度，直接决定了海报的美感度。能实现宣传目的的海报，其色彩的变化都达到了高度统一，能给用户带来一个和谐的爆品视觉形象。

比如美团外卖在2017年的元宵节发布了一系列宣传海报，其色彩的使用就非常和谐（见图8-9）。该海报的颜色主要是红色与黄色。为了符合元宵节的热闹气氛所以选择了红色，而黄色是美团外卖的标准色。但是该海报的黄色比标准色深，这么做的目的就是为了能与红色达成一种平衡，不会一深一浅地让人看了很突兀。

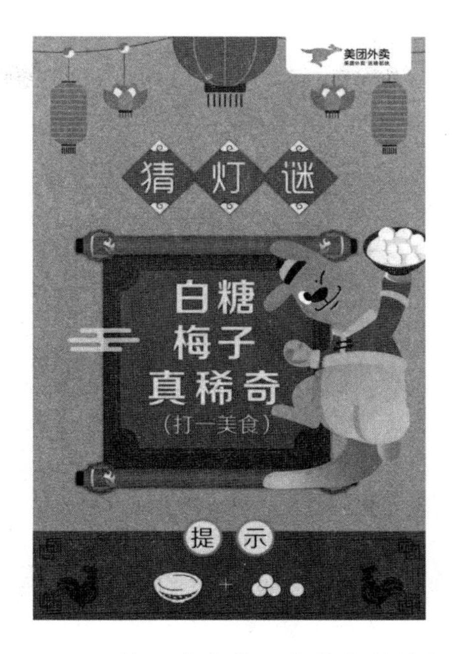

图8-9　美团外卖的元宵节宣传海报

8.2.1.3　色彩使用要诱发联想

在海报的设计过程中，使用色彩联想，是必不可少的一部分，也是运用爆品的特性、本质的颜色和规律等社会背景来选择要用的颜色，从而加强引导或是警示，以达到最好的爆品传播效果。

色彩联想有两种情绪性表现，分别是抽象与具象。用户的不同社会层次、年龄、性别、文化、生活经历对海报色彩所产生的联想也是不同的。用户在看到某种色彩后，会联想到生活中、自然界中某种相关的事物，或是联想到时尚、高贵、理性等抽象的概念。

比如用户看到唯品会粉红色的海报自然就会联想到女性喜欢的一些粉红色系列的用品，用户看到腾讯的以蓝色为基调的海报就会想到科技、电子产品等（见图8-10）。

图8–10 唯品会的宣传海报颜色

8.2.1.4 色彩使用要有象征意义

虽然色彩传递信息不如语言那样明确清晰，但是速度却快上许多。在传播时可以赋予色彩不同的象征意义。例如黑色象征着庄重大方，红色代表快乐、热情，黄色代表温和、高贵，绿色代表希望、健康朝气。颜色的象征意义非常丰富，企业可以根据海报的需要来决定使用颜色。如过春节时，爆品的宣传海报就可以采用红色系，象征过年的快乐、热闹。

8.2.2 字体的力量

有时，单单只是利用字体，就可以让爆品海报表现出丰富的信息。文字经过艺术化设计后，可以让文字形象变得情景化、视觉化、能够强化语言效果，有效提升海报设计品质和视觉表现力。

8.2.2.1 使用代表性字体

什么是代表性字体？比如时间你会联想到钟表，对话你会联想到电话，爱情你会联想到爱心。但是在使用时，不能直接把这个图形放到字体里，需要经过特别的处理。

譬如唯品会在情人节的宣传海报，其中的宣传语“让爱遇见礼”中的“爱”字就巧妙地融入了爱心的元素，让该海报更符合情人节的风格（见图8-11）。

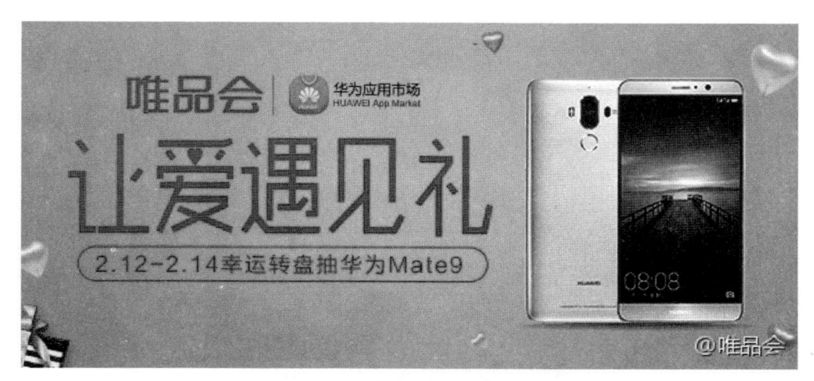

图8-11　唯品会情人节宣传海报的字体

8.2.2.2　选择合适的字形风格

选择合适的字形风格，可以起到事半功倍的效果。比如字形的硬、软、旧三大风格，其不同的特点，其使用的场合、针对的主题都是不同的（见图8-12）。

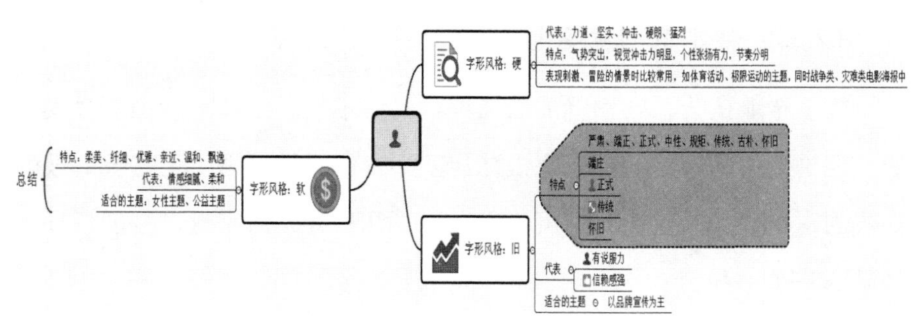

图8-12　字形的三大风格

湖南卫视音乐竞技节目《歌手》的宣传海报就采用了字体的“旧”风格。为什么要选择旧风格？因为此次海报的宣传主打的是古风，所以字体使用旧风格，可以与整个海报的主题更加贴合（见图8-13）。

图8–13　《歌手》海报的古风字体

8.2.2.3　字形的创意变化

很多企业认为，字形就那么几种。其实不然，字体形状虽然是固定的，但是我们却可以通过创意设计让字形变得更加好看、更符合海报的整体创意。一般来说，我们可以通过以下几种方式对字形进行创意设计（见图8-14）。

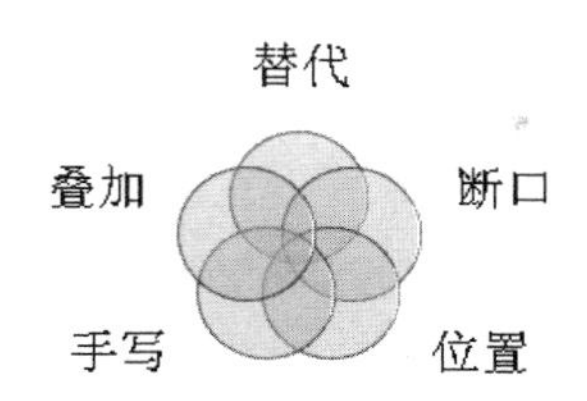

图8-14　字形的五种创意变化方式

（1）替代。是指在统一形态的文字元素中加入个性的图形元素或文字元素。其本质是根据文字的本意，用某一形象代替字体中的某个部分或者某一笔画。这些形象写实或者夸张，可以让海报在形象或者感官上都增加一定的艺术感染力。

（2）断口。是指把一些封闭和包围的字，适当地断开一个缺口，角度可以随意选择。需要注意一点，要在能识别的情况下进行断口处理，从而体现出该字体与众不同的特点来。

（3）位置。是指可以通过改变字体的位置来使字体显得更有创意，比如把左右改成左上右下，或者一边高一边低，让文字错落有致地排列。

（4）手写。原笔迹的手写体可以给人带来一种亲切感，比如电影《那些年》的海报就是采用的手写体，其代表着学生时代手写情书的青葱岁月。

（5）叠加。是指将文字的笔画互相重叠或将字与字、字与图形相互重叠的表现方法。叠加可以让字体产生三维空间感，增加设计的内涵与意念，让单调的文字形象丰富起来。

字形创意的方法还有很多，比如上下拉长、卷边、照葫芦画瓢、一点拉长、洋为中用……企业可以选择适合爆品的方式进行海报字形创意。

8.2.3 技巧的力量

除了颜色与字体，海报的设计还有许多技巧，最常运用的就是以下几种（见图8-15）。

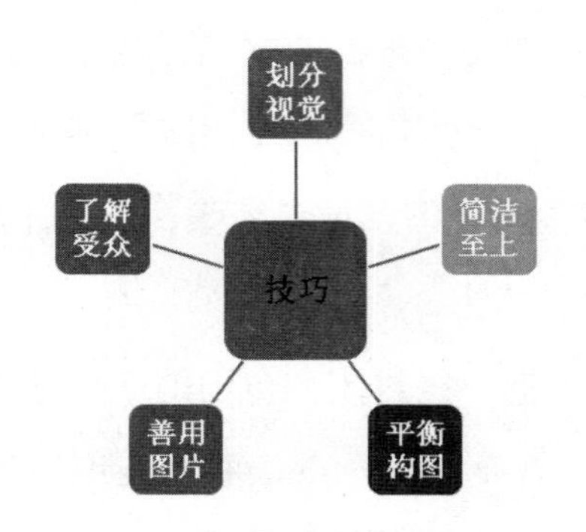

图8-15 海报设计的五种技巧

8.2.3.1 划分视觉

一张合格的爆品宣传海报应利于用户快速阅读，并起到引人注目的作用。因此划分视觉等级就显得尤为重要。如果海报中的文字少，那就要选用粗型字体，并结合简洁图形；反之，则把文字作为焦点，可考虑摆放大标题，并把大量文本视为整个文本块来处理。除此之外，还要分清文字的主次内容，主内容需要做焦点处理。

如华为的一张宣传发布会的海报，就做到了视觉分级（见图8-16）。华为举办发布会的目的是什么？当然是宣传新品“荣耀V9”，所以它把“荣耀V9，我想要的快”放在了主位置，并使用了大号的字体。而将发布会的时间和地点放在了海报的左下角。这样，用户一打开海报就能看到华为想要的宣传重点。

图8–16　华为荣耀V9发布会海报

8.2.3.2　简洁至上

把海报中多余的元素删除，少即是多。有时一个简单的词语或是一张戏剧性的图片所达到的沟通效果远远超出大篇文本或是复杂的图像。不要为了添加而去添加多余的图形或者是文字。

如图8-16中的海报就非常简洁。海报中没有多余的文字，只有“我想要的快”、发布的时间地点、代言人的简洁介绍；使用的图形也非常简单，只有代言人孙杨的形象照以及游泳池。简单、直接，让人看了非常舒服，一看就知道海报在说什么。

8.2.3.3　平衡构图

对称构图、中心对齐或是图文复制都可以打造视觉平衡。可以通过改变颜色、图形的比重、文字量以及各元素的结合来打造海报的平衡感。这个平衡感并不是指对称平衡，两边元素完全相同，而是避免把所有的图形与信息堆放到一处。

图8-16中也做到了平衡构图，没有把文字都堆叠到一块。把重点信息“荣耀V9，我想要的快”放在主上方；发布会时间和代言人信息放在海报下方的左右两侧。主次分明、清晰明了。

8.2.3.4 善用图片

一张极具美感的戏剧性图片可以加强海报传递信息的效果，所以，要学会借用图片的说服力为你的爆品造势。

图8-16中也具备了这一点，为什么要在代言人孙杨的后面加了一个游泳池？因为代言人孙杨是世界游泳冠军，游泳速度非常快。华为请他做代言人的原因是因为与此次的新品“荣耀V9”的特点“我想要的快”不谋而合。所以，在海报中加入游泳池更加符合代言人的身份，也更加符合荣耀V9想要表达的内容。

8.2.3.5 了解受众

在设计海报之前，应当先确定爆品的受众面，如此才能将信息有效地传达给他们。掌握了受众的喜好、购买习惯以及文化背景，设计出的海报才能戳中他们，使他们对爆品产生深刻的印象。

8.3 PPT：可视化，用户接受更快

要想成功打造一款爆品，就一定要进行路演，不管是针对用户的，

还是针对投资人的。那么，在路演中，最重要的一个辅助工具是什么？是的，就是PPT。

那么，PPT在爆品的路演中，具体能起到什么作用呢？路演的目的是“用5分钟的时间，让投资人和用户一见钟情，并继续约会”。此时，问题又来了，企业要如何设计出一个能起到如此作用的PPT？

8.3.1　PPT中的必备信息

PPT中有些信息是必不可少的，如果是针对用户的爆品路演PPT，那么主要的就是爆品的功能、亮点、解决的痛点；如果是针对投资人的，其包含的信息就更加复杂。主要可以概括为以下几个方面（见图8-17）。

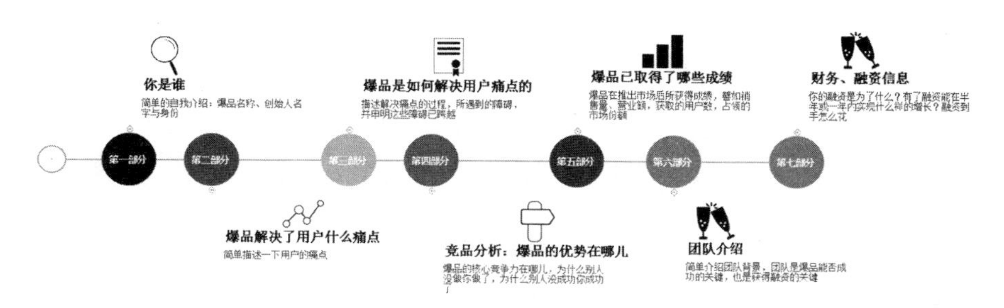

图8–17　PPT中需说明的七大信息

图中的七大信息，简明扼要地指出了投资人最在乎的问题，同时也透明地剖析出了爆品的核心逻辑，直入主题，十分抓人眼球。

8.3.2　PPT制作的重点要求

一个上乘的PPT，自然包含着许多上乘的“内功心法、武功招式”，只有掌握了这本“PPT制作秘籍”，才能够修炼出上乘的“武功”。

8.3.2.1 文字只是提醒

PPT的本质在于可视化，就是要把原来繁多杂多的、晦涩难懂的抽象文字转化为由表格、图片、动画以及声音所构成的生动场景，以达到简单明了、通俗易懂的效果。要记住，PPT的文字不是用来读的，而是用来提醒的。因此，需达到以下三点要求（见图8-18）。

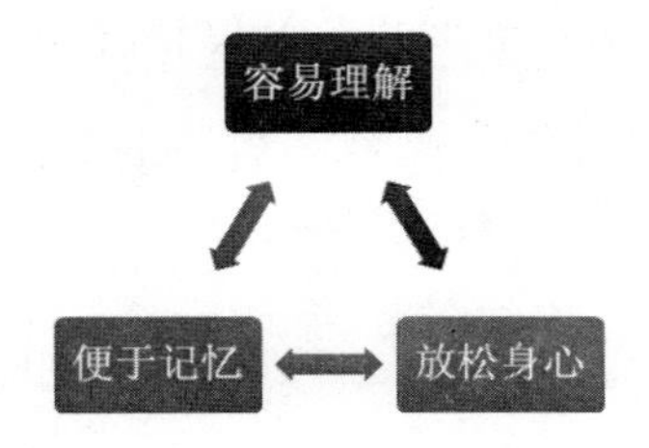

图8-18 PPT文字的三大要求

根据这三个要求，PPT文字需达到两个效果：一是文字是用来提醒路演人的，所以，凡是看不清的地方，就要放大，如果放大还看不清，就要删除，绝不能给路演人造成理解混乱；二是尽量少用文字，大面积的文字是PPT的禁忌，因此能减就减、能删就删，尽量用图片或表格来代替。

这一点，爱养车就做得非常好。在新浪创业中心进行路演时，它的PPT就做到了上文所述的要求。尽量少用文字，把需要用文字的地方都转化成了图表。如图8-19中的业务情况介绍，就把繁杂的数据信息用简明的图表展示了出来，让人一看就懂。

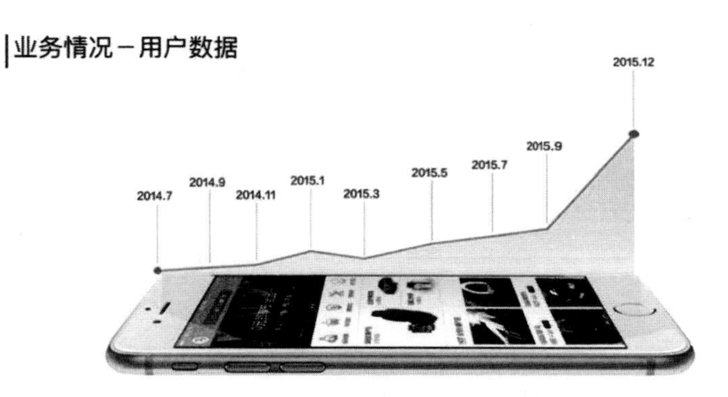

图8-19　爱养车的路演PPT部分内容

8.3.2.2　建立一个清晰的导航系统

很多企业在制作爆品的路演PPT时，都会犯一个错误，就是让人看了之后容易迷失思路。为什么？因为PPT的逻辑结构是抽象的，一旦把握不好就会变得很杂乱。所以，要避免这个情况，就要给PPT建立一个清晰的导航系统。其内容主要包括以下几个方面（见图8-20）。

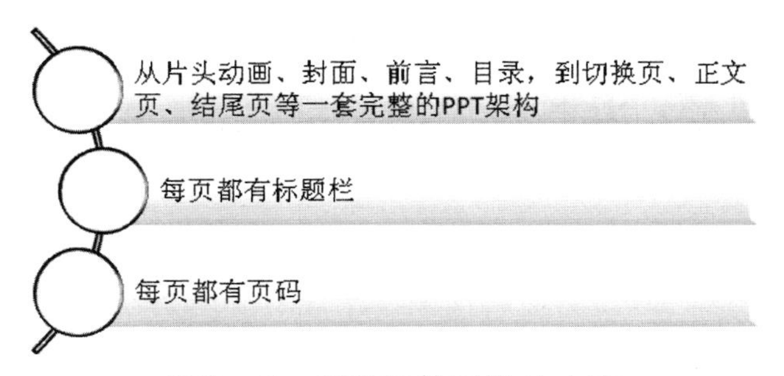

图8-20　PPT导航系统的内容

如爱养车的路演PPT导航系统就非常清晰，其PPT每页都有标题栏，每页都有页码（见图8-21）。这样用户一看就知道这页PPT主要讲述哪个方面的内容，这个方面的内容又在哪一页，非常方便寻找。

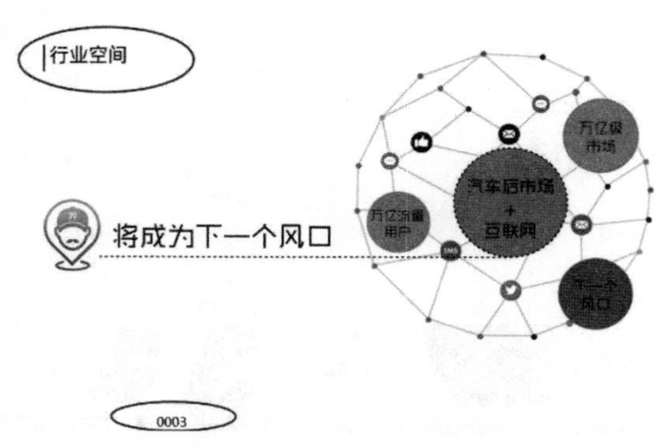

图8-21　爱养车路演PPT呈现画面

8.3.2.3　让图表成为PPT的主角

爆品商业演示的基本内容就是数据，因此图表是必不可少的。柱状图、饼图、线图、雷达图是基本的数据表达方式。企业还可以把数据图表转化为对逻辑关系的表达上，通过并列、包含、扩散、综合等方式，让文字变得不再乏味和抽象。

8.4　短视频：几秒钟内的走红秘密

网络视频已经成为市场竞争费用最小，用户最容易接受的传播的形式。我们经常可以在QQ、微博、微信朋友圈看到各种各样的视频转发，也看到了很多因为视频转发而爆红的产品、网红。

短视频是现在视频营销的最常见方式，其所花费的成本和预算都相对低廉，特别适合资源有限的中小企业。短视频更契合人类作为视觉动物的信息接受习惯，也有利于搜索引擎优化，方便用户分享和反馈。

8.4.1　短视频营销的常见形式

短视频的时长虽然很短，但是可以包含很多信息，可以为爆品的推广提供多种形式。以下是企业使用短视频营销的最常用方式。

8.4.1.1　为用户解决问题

拍摄爆品短片，为用户解决一些问题是短视频营销最基本的作用。企业可以整理出用户最常提出的有关爆品的问题，制作出相关的视频短片去解决这些问题。比如可以在15秒的时间内告诉用户如何安装爆品。这种形式的短视频不仅仅是为了娱乐，而是为用户提供一些有价值的实用信息，可以有效提供用户对爆品的好感度。

比如任天堂Switch官网就经常会推出一些关于游戏的推荐视频，向用户介绍该款游戏增加了哪些内容，如何使用等（见图8-23）。

图8-23　任天堂Switch的视频推广

8.4.1.2 拍摄爆品制作过程

企业可以把爆品的制作过程拍摄下来，整合成一个短视频做视觉展示。这种展示方式比单纯的图片展示更有吸引力，也更容易获得用户的信任。比如咖啡馆可以展示手工咖啡的制作过程，时尚沙龙可以展示用户的变身过程等。

现在微博上有许多时尚达人会通过化妆前与化妆后来展示爆品。比如微博博主“Stephy谢婷婷”就是通过短视频的方式来推广自己的爆品。比如在2017年2月9日发布了一款如何打理自己的头发来推广金稻直发梳，效果非常不错（见图8-24）。

图8-24 微博博主“Stephy谢婷婷”的视频推广

8.4.1.3　邀请粉丝

企业可以通过短视频邀请粉丝上传带有标签的视频参加有奖活动，或是宣传相关的爆品活动，这样不止可以提高与用户之间的互动程度，还能加大对爆品的宣传。

8.4.2　有技巧才能玩转短视频

短视频虽然好用，但并不是拿来就用就能产生效果，企业还需要掌握一定的技巧（见图8-25）。

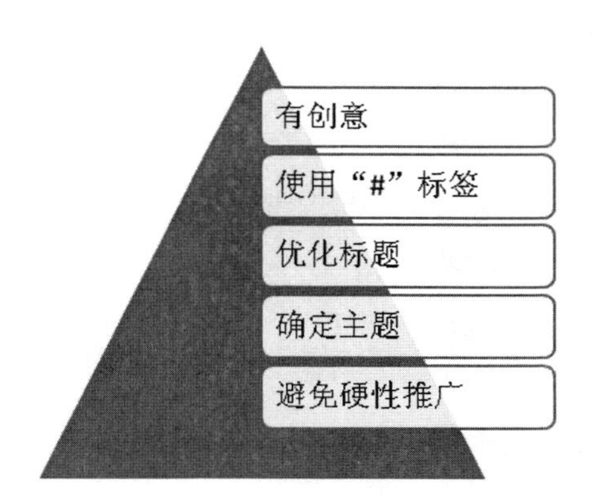

图8-25　短视频推广的五大技巧

8.4.2.1　有创意

短视频因为时间的限制，并不适合承载信息量过大的内容。有些短视频只有几秒钟，因此每一秒钟对爆品来说都至关重要。企业需要表现出自己的创造力、原创力以及爆品的独特性。在题材方面，企业可以把爆品相关的信息融入到创意中，结合流行文化趋势或是当下热点。

8.4.2.2　使用“#”标签

标签是信息精准抵达目标用户、最大化提高爆品在社交媒体上的曝光率，并延长营销周期的有效手段。譬如在微博上，“#”是代表话题，带起“#”话题的用户越多，该话题就能排在话题榜上，让更多的用户看到（见图8-26）。在instagram上，其搜索引擎只能搜索到带#字标签的内容，如果不使用标签，会让企业的短视频淹没在海量的信息当中。

图8–26　微博话题

8.4.2.3　优化标题

在标题命名上，可以加上企业或爆品的名称，或是结合流行文化趋势与营销活动主题，再打上标签，利用话题功能吸引用户的眼球，增加热门度，并以此提高与用户的互动便捷性。

比如一些电影、电视剧在微博上做短视频推广时，都会带上自己的话题。例如电视剧《翡翠恋人》在2017年2月15日发布新片花后，其各大微博博主在分享视频时，都带上了“#翡翠恋人#”的话题（见图8-27），以此来提高该电视剧的宣传效果。

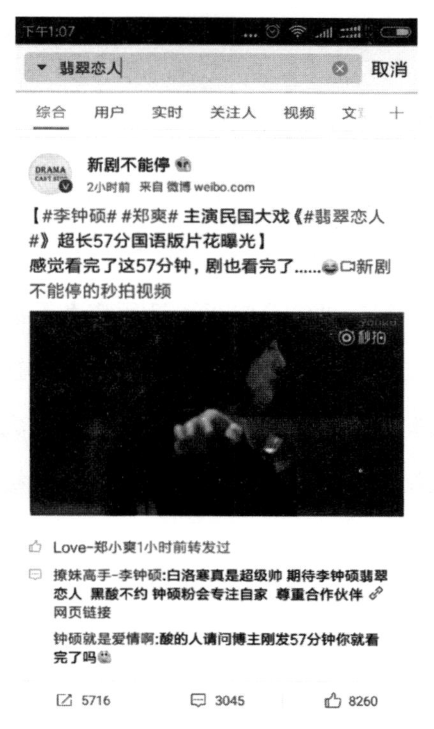

图8-27　博主发视频时所带的话题标题

8.4.2.4　确定主题

每一个短视频的发布都需要确定主题，在确定基本的主题后，再结合当下热点，融入创意，进而产生稳定、常规的内容。视频发布一段时间后，评估传播的效果，以此为根据调整视频的内容。

8.4.2.5 避免硬性推广

企业一定要避免在短视频中硬性推广爆品，大部分用户都非常反感直白的广告形式。可以通过展示爆品历史、价值观或者使用的形式来让用户接受相关的爆品营销信息。

8.5 软文：别小看文字的力量

软文之所以被称为“软文”，关键点就在于一个“软”字，它把广告信息和文章内容完美地结合起来，让用户在阅读文章之时，能够接受到爆品的信息。与硬推广不同，软文没有直接硬性地推广爆品，而是通过某些植入手段向用户展示爆品。软文营销的最高境界是“润物细无声”，往往用户在阅读一篇文章时，不知不觉地就接受了文章暗藏的爆品信息。

8.5.1 软文营销的优势

软文之所以受到各大企业的喜爱，自然是有其优势所在，具体可概括为以下几个方面（见图8-28）。

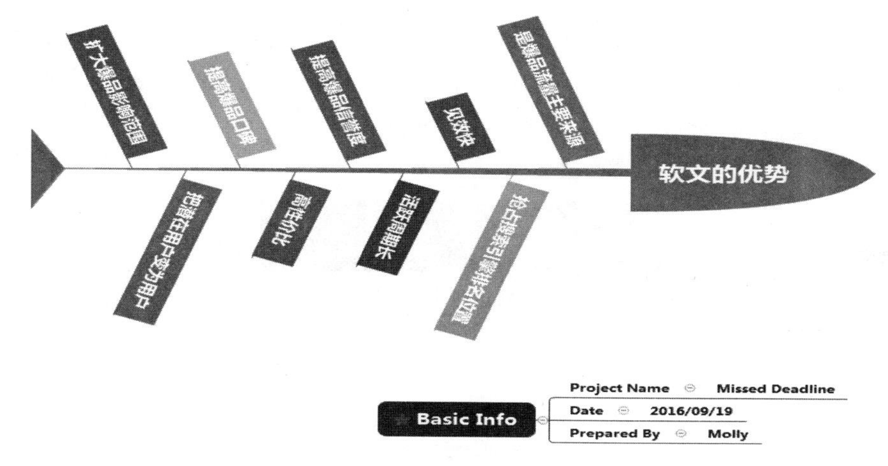

图8-28　软文营销九大优势

8.5.2　做个“标题党”

8.5.2.1　掌握固定形式，标题拟定很简单

要想写好软文，就要先写好标题，标题是用户打开软文大门的钥匙。因此，企业在拟定标题之前，需了解一下软文标题的类型。

（1）宣事式。直接把正文的要点简明扼要地摆明，让用户直接从标题中就了解了正文内容。图8-29中就是属于这种类型的标题，直接说明了小程序已经被几大热门产品所使用。

王者荣耀、博卡名片王、忆年共享相册等微信小程序，成为今年春节热门应用

发布时间：2017-2-9 18:00:40 来源：猎房网 作者：转载不详 责任编辑：林云锋

图8-29　微信小程序的某软文标题

（2）新闻式。这种类型的标题比较正式，具有权威性，如图8-30的标题就是属于这种类型。华为的这篇公众号文章标题没有过多的赘述，直接说明发生了什么事，一目了然，简单直接。

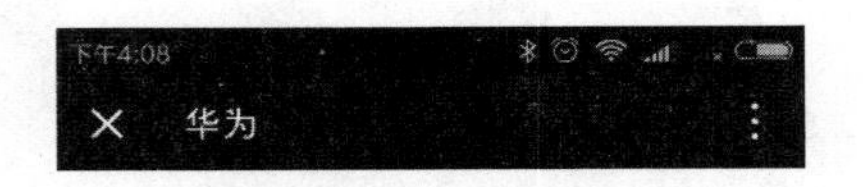

华为与Oracle成为电力物联网生态伙伴

2017-02-06 华为

近日，华为与Oracle正式签署了电力物联网生态伙伴MOU，将继续围绕华为AMI解决方案与Oracle公共事业MDM、SGG和其它相关产品进行联合方案开发，营销和市场拓展工作。

根据该MOU，双方将基于客户需求持续合作，充分利用华为在信息通信产品和解决方案方面的领先技术，借助Oracle在全球公共事业水、电、气等行业解决方案产品的研发、实施、咨

图8–30　华为公众号的软文标题

（3）诉求式。用劝勉、叮咛、希望的口气撰写标题，目的是催促用户尽快采取行动。由于是建议使用及促使购买的说辞，在标题上直接把爆品能给予的利益告诉用户。因此，该类型的标题拥有“动之以情，晓之以理”的双重功能。图8-31中就是这种类型的标题，直接告诉用户想要肌肤干净就要使用中华肽皂。同时在标题中还直接说明了使用方法，间接地将产品的利益点告诉了用户，促使用户产生购买行为。

美联臣

肌肤干净才是王道，美联臣中华肽皂教你如何深层洁面

2016-03-05 美联臣

大风天，空气中的脏东西明显增多，外出免不了的脸部吸收了更多的污垢，这时候就要深层清洁脸部，洗干净我们的脸，才能保护好我们的肌肤，因此更要用心地定期深层清洁脸部，去除脸部积累的污垢。掌握了深层洁面的小秘诀，清洁起来更轻松，下面推荐7个深层洁面的小秘诀给大家。

1、卸妆时不同部位区别对待

1)一般T区都是脸部最容易出油的地方，而且这里的毛孔容易堵塞，所以卸妆时应该特别注意清洗多两次T区，而且要稍用力，即用中指和无名指在整个T字区稍用力揉搓，肌肤能感受到按压感为宜。

图8–31　《肌肤干净才是王道，美联臣中华肽皂教你如何深层洁面》美联臣的中华肽皂软文

（4）号召式。这类标题通常带有极强的鼓动性，可以促使用户快速做出购买决定。一般是用在时尚流行或即时性的广告软文上。在撰写这类标题时，要使用力量型的文字，且容易记忆，能够让用户迅速接受软文内容，从而产生购买行为。

比如北京通州万达广场微信公众号发布的一片文章《以爱为名——那篇故事深深感动了你呢？为它投票吧》就是属于号召式的软文标题（见图8-32）。该软文主要是为万达的一个“恋爱故事分享”做推广，让网友投票选出心中最喜欢的恋爱故事。

图8–32　《以爱为名——那篇故事深深感动了你呢？为它投票吧》“很甜的故事”软文

（5）悬念式。人人都有好奇心，用悬念式标题先抓住用户的注意力，然后让他们在寻找答案的过程中不自觉地产生兴趣。该种类型的标题还可以引发用户的思考，从而触发用户的点击行为。

比如支付宝发布的一篇软文《据说加上“国民”两个字都能火，目测某人又要火了！》，该软文标题就是采用悬念式（图8-33）。用户一看这标题，就会不自觉地产生“某人要火，那么这个人是谁呢”的疑问，在产生疑问后，自然就会去文中寻找答案。

图8–33 《据说加上“国民”两个字都能火，目测某人又要火了！》“支付宝”软文标题

8.5.3 软文写作的三字要诀

正所谓内容为王，标题写得再好，如果内容不行，那就成了真正的标题党了。因此，保证软文内容质量是非常重要的。企业可以从以下三点入手。

8.5.3.1 精：尽量缩小文章篇幅

有些软文写得很精彩，也非常实用，但效果却不是很好。其实，有很大一部分原因是篇幅太长了。如果一篇文章需要10分钟才能阅读完，很少有用户有这个耐心去阅读。但也不是说越短越好，而是要精。精的意思就是既要简洁又要实用。可以使用三种方式让自己的软文变得精炼

（见图8-34）。

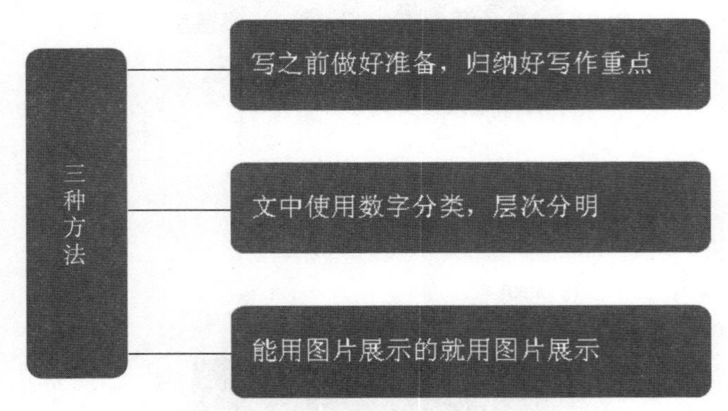

图8-34　软文精炼的三种方法

如腾讯的一篇介绍性软文，该软文是对苹果手表未来功能的一个预测。软文标题为《苹果未来黑科技，拧拧表冠就能给AppleWatch》。这篇软文就完全符合了软文写作“精”的要求。文字不多，只是对该功能做了一下介绍，把更多解释的部分用图片展示出来，让用户通过图片去了解作者所要表达的意思（见图8-35）。如此，用户既不会因为软文过长而生厌，也不会因为太短而无法理解作者的意思。

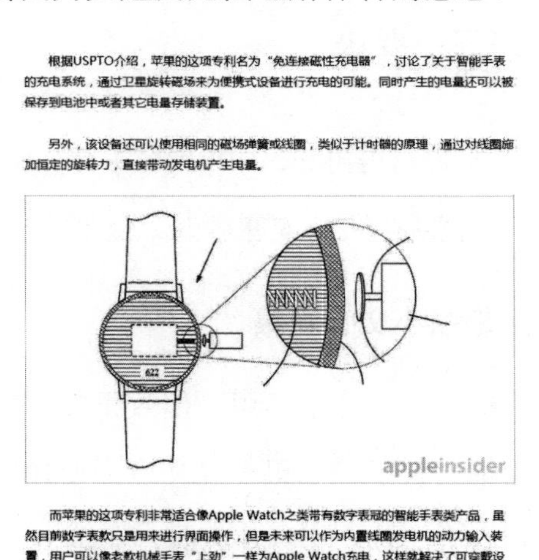

根据USPTO介绍，苹果的这项专利名为“免连接磁性充电器”，讨论了关于智能手表的充电系统，通过卫星旋转磁场来为便携式设备进行充电的可能。同时产生的电量还可以被保存到电池中或者其它电量存储装置。

另外，该设备还可以使用相同的磁场弹簧或线圈，类似于计时器的原理，通过对线圈施加恒定的旋转力，直接带动发电机产生电量。

而苹果的这项专利非常适合像Apple Watch之类带有数字表冠的智能手表类产品，虽然目前数字表款只是用来进行界面操作，但是未来可以作为内置线圈发电机的动力输入装置，用户可以像老款机械手表“上劲”一样为Apple Watch充电，这样就解决了可穿戴设

图8-35　软文标题解释部分内容

8.5.3.2　新：新观念、新材料、新事物

一个新的软文并不局限于技巧的新颖，也可以是观念上的新颖、材料上的新颖、所分析事物的新颖。企业可以利用以下三种方法提高软文的新鲜度：一是关注热点，结合自己的观念描述热点；二是寻找最新的材料，比如最新的数据、最新流行的观点；三是寻找最新出现的事物，比如2016年的VR、小程序等，在刚出来时就对此做分析。需要注意的是，在融入新鲜内容时，要看其是否与爆品相关。

如微信公众号“数字生活家聚集地”的软文就常常能给用户带来新鲜感。如这篇《小程序上线三天，12家小程序数据独家披露》，该软文做到了材料的新颖、事物的新颖。小程序才上线三天，它就注意到了，并将之作为软文的描写对象。其次，收集了12家使用小程序的数据，这些数据都是新鲜出炉的，能直接回答用户的问题。事物新颖、材料新颖，自然能吸引用户阅读（见图8-36）。

小程序上线 3 天后，想必很多人都会关心：

- 各个小程序的数据表现如何？
- 这些企业对小程序有什么新的看法？
- 未来他们将如何推广小程序？

为了寻找答案，知晓程序（微信号 zxcx0101）特意采访了 10 家优质的小程序。下面，就让我们来看看他们给出的答案。

Q1：小程序上线 3 天后，你们的小程序的数据表现如何，是否有达到预期？

解忧室

日均访问人数在 10 万左右，访问次数日均在 100 万。小幅超出预期。

玩物志

3 天以来的数据表现都很好，尤其是体验潮逐步褪去后，整体访问人数和次数较为稳定，打开数也维持在 10 万左右的水平。说明实际使用小程序的用户量在增加。可以说基本达到预期。

丁香医生+

图8–36　标题解释部分内容

8.5.3.3 真：能实际操作

一篇软文的好坏就看是否具备可操作性，如果不具备这一点，懂行的用户一看就知道，不懂的用户如果按照文中所写的操作却发现根本不行，反而会对爆品产生极大的负面影响。企业可以通过以下几种方法，让自己的软文具备可操作性：一是把细节说透，比如介绍怎么在文章中嵌入自己的爆品名称，每一步都要细说；二是亲身实践，自己先按照软文所写操作一遍，发现确实可行再发布；三是加深专业知识，专业程度越高，写出的软文就越有深度；四是加入相关图片，有图才有真相，图片更加直观明了，用户一看就懂。

第 9 章　现实案例，爆品理论不是纸上谈兵

爆品能给企业带来什么样的效果，其实在现实中已经得到了无数的验证。在社交应用行业上有微信，在第三方支付上有支付宝，在电商领域上有唯品会……每个行业都有依靠一款产品而成就一个企业的案例存在。这足以证明，爆品战略并不是纸上谈兵。现在，我们就来看看还有哪些企业成功地打造了它们的爆品的吧！

9.1 出行：摩拜，“最后一公里”的爆红秘籍

2017年的新年伊始，摩拜单车又完成了新一轮的融资，获得由腾讯公司与美国华平投资联合领头的投资资金2.15亿美元（见图9-1），从中国自行车共享服务中脱颖而出。为什么在众多的单车出租APP中只有摩拜成了为数不多的爆款？它到底有什么样的独特之处呢？

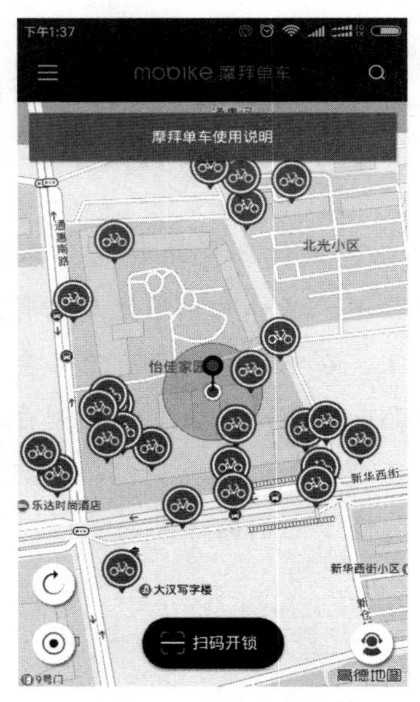

图9-1　摩拜单车

9.1.1 独特的用户定位与产品定位

从其本身的产品定位与产品场景来理解，这个产品的主要用户是各

高校学生群体、上班白领以及社区民众，最核心的用户群体是高校学生群体与上班白领。

摩拜单车旨在解决交通出行领域的短途领域，因此，摩拜单车的增长潜力在后期会出现更大的爆发式增长。因为客观环境、路途长短与否对于摩拜单车的增长有着极大的影响。路途越短，使用摩拜单车的可能性就越高。

9.1.2 独特的使用场景

摩拜单车的实际使用场景主要有五个。

场景一：学生每天都需要坐公交车去上学。但经常会遇上堵车的情况，而且公交车不能准时到达公交车站，那么选择单车出行就是个不错的选择。

场景二：离公司并不是非常远的上班族。其上下班无论乘坐公交还是地铁都非常拥挤，下了地铁还需要走上一段时间，那么选择摩拜单车则可以彻底帮助用户解决这个问题。

场景三：需要去菜市场或商场的家庭主妇。家庭主妇每天都需要去买菜，周末还需要逛逛商场。那么菜市场与商场离家有五公里，对于需要提着物品又不想花钱打车的家庭主妇来说，单车就是个非常不错的选择，节省了金钱的同时还可以锻炼身体。

场景四：大学生每天都要从宿舍到食堂或者教学楼。一般的校园面积都不小，因此距离也不短，走路的话有时候可能赶不上饭点或者上课时间，那么单车就可以帮助大学生解决这个问题。

场景五：很多人喜欢骑行，但因为各种原因，购买质量好的单车成了问题，而租借单车则成了一个非常不错的选择。

以上所述都是日常生活中最常见的场景，从这些场景中可以看出，在短途出行领域，省时便利是最重要的参考因素。

9.1.3 创新——抛弃停车桩

摩拜单车之所以能够成为爆品，就是因为它敢于创新，抛弃停车桩就是它最大的创新点（见图9-2）。用户可以把车停在任何一个合法非机动车的停车点，而这一点，恰恰是公共自行车最大的缺陷。一般的公共自行车的停车点都是在小区门口，是定点停放，而且有些停车点往往距离目的地还有一段距离，用户停车后，还需要走上一大段路。而摩拜单车则是无论哪个地方都可以停，即使是在某个商店门口。而且，公共自行车需要通过办卡才能使用，很多用户根本没有时间去办卡点办卡。摩拜单车下载APP，交付押金即可使用。

图9-2　无需固定车桩

9.2　手机：OPPO R9s，一款手机打天下

2016年最火的手机是哪款？苹果7？小米5？不，是OPPO R9s。2016年3月17日，OPPO正式发布其年度旗舰手机——OPPO R9s，三个月销量就突破了700万部，相当于每1.1秒就有一部R9s售出，线下门店经常排起长龙。为什么OPPO R9s会成为2016年的手机爆品呢？

9.2.1　宣传给力，定位准确

提到OPPO R9s的广告，我们首先想到的就是“充电5分钟，通话2小时”的广告，OPPO每年都会在广告上投入巨额资金，而这也直接给OPPO R9s带来了直接的效益。同时，邀请热门明星做代言人，抓住了国内年轻一代女性的心理，因此很好地让产品进入了用户的心智，进而发展成自己的忠实用户（见图9-3）。

图9-3　OPPO R9s代言人当红男星“李易峰”

9.2.2 不玩机海战术，玩爆品思维

OPPO在2016年的主打产品很明显，就是OPPO R9s，R9PLUS与A系列只是辅助产品（见图9-4）。从这我们就可以看出，OPPO不打算与小米一样玩机海战术，而是玩爆品思维。如果与小米相比，从产品内部分出来的系列来说，小米完全是压倒性的胜利，各种标准版、高配版、顶配版一应俱全，用户有多种选择。但是论销量，OPPO在全球市场遥遥领先。这就是它做爆品的原因，一年不到五款产品，一款产品为主打，半年的时间全球的销量就达到了5000万部，这是很多国产手机难以企及的。

图9-4　OPPO的旗下主打产品

9.2.3 全力发展线下渠道

在各个企业放弃线下渠道之时，唯有OPPO坚守，并且大力发展（见图9-5）。2014年年底，OPPO的线下的销售网点就达到了14万家，

而到了2015年年底则直接升至20万家，发展的速度非常快。OPPO的线下渠道销售模式其实非常简单，OPPO—省代理—代理，最终的销售由代理直接销售给用户。

图9–5　OPPO线下旗舰店

这种模式可以让每个省都有大面积的代理商分布，从而让OPPO的产品得到大面积覆盖。据统计，按照一个县城的销量来计算，2016年，OPPO一个月能售出2000部手机。在总的销售手机中，其中OPPO的产品占据了40%，vivo占据了15%～20%。这个数据，足以证明OPPO手机在线下的覆盖能力。而其主打产品OPPO R9s之所以能成为爆品，与其也有着极大的关系。

9.2.4　技术功能上不断创新

2016年2月2日，在巴塞罗那举办的世界移动通信大会上，OPPO发布了两项全新的技术“VOOC超级闪充”“SmartSensor图像芯片防抖技术”，两项技术得到了现场不少的惊叹声（见图9-6）。

图9-6　OOPO的VOOC闪充

OPPO在大会上宣称，不久后，“充电5分钟，通话2小时”甚至可以变成“充电5分钟，通话10小时”。SmartSensor图像芯片防抖技术创新地将单反级别的芯片防抖技术运用到手机上。这项防抖技术可以把防抖精度从传统的镜头的3～5微米提升到0.3微米，达到像素级的防抖精度。

9.3　智能：小米手环，小米科技的另一个爆品奇迹

谈到小米的产品，原先人们的第一印象就是小米手机。但从2015年开始，一个新产品改变了人们的固有印象。除了手机之外，小米公司出现了一个新爆品，就是小米手环（见图9-7）。

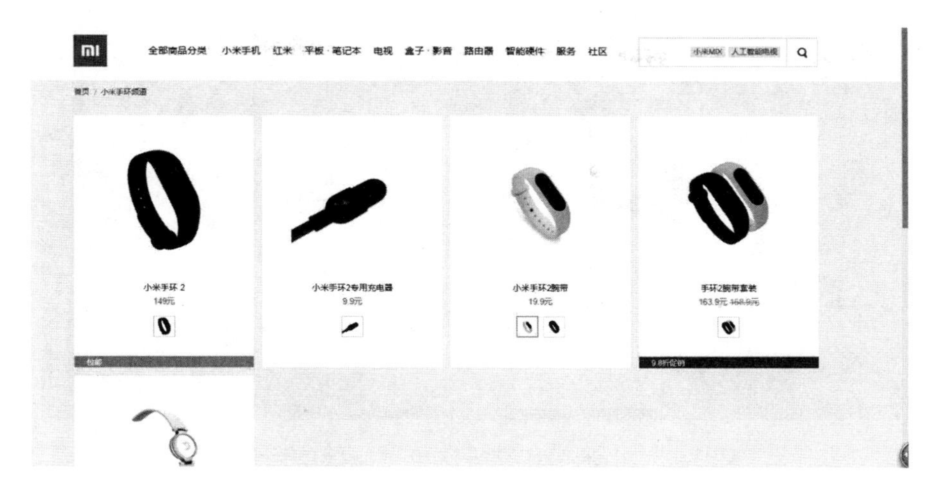

图9-7 小米手环

作为小米生态链的明星产品，小米手环以其超高的人气成为继移动电源之后的又一款爆品，甚至在发布会当天百度指数力压小米电视、小米路由器。除此之外，其销售成绩也让人非常地惊喜。3个月破100万，2个月后实现第二个100万，40天后实现第三个100万，不到30天后实现第四个100万。看到这个，不得不让人惊叹，小米是如何打造出一个又一个爆品的呢？小米手环之所以成为爆品，主要与产品打磨阶段的三大关键选择有关。

9.3.1 选择一：多方案验证省电功能

小米手环之所以能成为爆品，与其超强的省电功能不无关系。普通手环并没有把省电作为一级痛点，电量通常只能使用一星期，但是小米手环却能做到充一次电20天持续使用（见图9-8）。

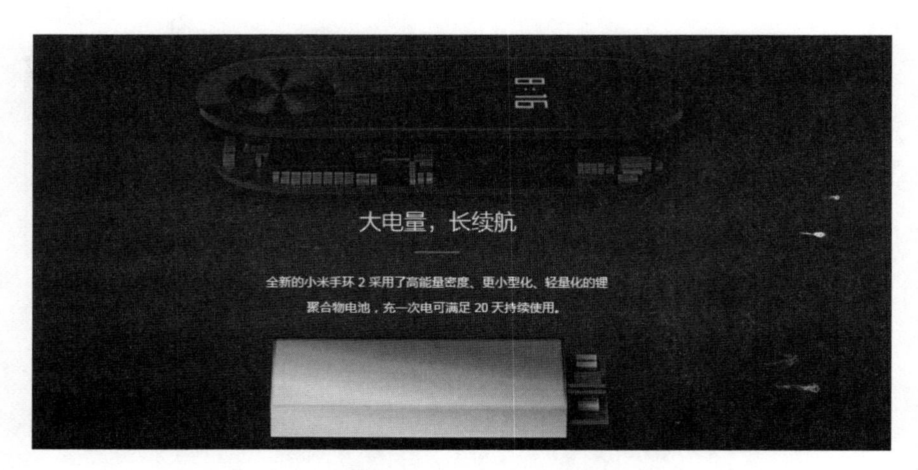

图9–8　小米手环充一次电可持续使用20天

为了保证这个省电功能，小米手环的设计团队按待机100天的标准来设计产品。五个团队设计五种不同的芯片解决方案，然后在不同阶段验证哪个方案最省电，一个月后剔除两种方案，两个月后又剔除一个方案，最后再对剩下的两个方案进行比较，留下最为省电的方案。这个方案验证的背后体现的是小米手环对于极致的追求。

省电还为小米手环带来了另一个优势——增强用户黏性。设想一下，用户在使用普通手环一星期后就必须进行充电，也许第一次充电记得戴，第二次充电还能记得戴，但第三次可能就得等到想起来再戴。如此反反复复，很容易造成用户流失。而小米手环则可以20天不用充电，有效避免了用户的流失。

9.3.2　选择二：定位人体ID，去掉屏幕

去掉屏幕只是个取舍问题，因为屏幕不止耗电，而且如果只是满足看时间的需求，价值感并不大。因此，小米手环将自己定位为人体ID，

其未来的发展方式是成为人体芯片，芯片本身是不需要屏幕的。

人体ID定位是一个逐渐演变的过程。在做手环之前其团队通过研究竞品找到了差异化路线，发现小米手环的优势就是背靠小米手机的巨大出货量。而且有移动电源这个成功案例在先，因此小米手环最初的定位是小米手机的配件，这样就能保证一定的销售量。

为了做好这一点，该团队不断思考哪些功能是可以让手机与手环产生联系的，来电震动提醒与记步是连接两者最好的功能，小米手环的配件角色也由此得到充分发挥。

2014年3月，小米手环充分利用MIUI的优势，通过手环为小米手机解锁，这就代表着小米手环的定位逐渐转变为人体ID。小米手环就等同于手机认证工具，与苹果指纹解锁功能相似。因此，小米手环既然可以作为手机认证工具，自然也能成为其他产品的认证工具，相当于人体ID，即个人身份证（见图9-9）。

图9–9　小米手环的“人体ID”功能

9.3.3 选择三：高质量低价格

小米手环花了大量的精力在铝合金表层和亲肤腕带上，铝合金表层是由三个指示灯由三种不同颜色的光组合而成，每个灯有256种颜色可选择，混光难度极高。为了给用户更好的体验，小米手环进行了激光穿孔，这一复杂工艺使成本增加15%。成本虽高，但体验水准却超过了微软和苹果，达到了业内最高水平。

小米手环的腕带采用了美国康宁TPSIV材质支撑，成本极高，无毒无害，手感润滑，能有效降低皮肤敏感所造成的过敏现象。虽然小米的成本高，但是售价却很低，这与小米手机的“高性价比”概念一致。

9.4 众筹：传统淋浴房，上线30天，众筹一万套

在多数人的印象中，众筹领域的爆品多数是高科技产品，但万万没想到一个传统淋浴房品牌，却能在众筹界完成了30天众筹1万套的惊人成绩。这通常只发生在VR、无人机等高科技产品身上。那么，现在我们就来看看，一个传统淋浴房品牌是如何把自己打造成众筹界的爆品的。

9.4.1 引关注，话题造势与新媒体传播

2016年10月《南方都市报》打出的“如果在唐朝发起众筹，你最想

要什么？”“杨贵妃最想要两样东西”的一系列趣味广告引起了人们的注意（见图9-10）。10月18日，“我要众筹，还要贵妃出浴”更是刷爆了用户们的朋友圈。直到最后一日，用户才看到德立淋浴房才在用户的热议中惊艳登场。结果出乎众人的意料，引起全民热议的产品居然是一个淋浴房品牌。如果按眼球效应来说，该产品无疑已经成功了。

如果在唐代发起众筹
你最想要什么？

图9–10　《南方都市报》的广告

德立显然深谙新媒体传播造势之道。新媒体最关键的传播者就是粉丝，德立将首发新媒体广告放在《南方都市报》，就是因为它在粉丝间具有影响力。除此之外，德立还选择了颇为引人关注的各大明星版杨贵妃为切入点，扮演者之一的范××更是流量担当直接触发了新媒体的传播点。

9.4.2　引轰动：明星力荐与口碑效应

德立虽然是个20年的老品牌，也是细分淋浴房市场的领导者，但对于普通大众来说，还是相当陌生的。因此，为了提高大众对自己的认知，德立邀请了明星代言人。德立此次选择合作的代言人是田亮（见图9-11）。选择田亮的原因有三：一是田亮是2016年爆款综艺《爸爸去哪儿》的嘉宾之一，处于近期娱乐新闻的头条位置；二是田亮的运动员精神与德立品牌精神相符；三是田亮是德立的用户，由他代言更具说服力。而事实证明，德立的明星代言策略是正确的。

图9-11　德立淋浴房代言人田亮

但并不是说有了明星，就一定能成功。明星效应只是爆品的助燃剂，真正实现爆品，还需要靠用户口碑，而这就必须依靠品质。

德立采取了性价比策略，但与小米或淘宝上的服装爆款不同。淋浴房领域属于非标准定制行业，而要将产品的性价比做到极致，就必须依靠标准化。为此，德立在三年前就投资几千万引进了德国全自动生产机器，为大规模个性化定制奠定了基础。

德立还提出了“轻定制”概念，推出了被用户广为好评的经典爆款（见图9-12）。它从100多个定制功能中，筛选出4个能满足80%用户的基础定制功能。如果需要定制这一款，就可以做到24个小时系统自动拆解订单，批量化自动化的流水式生产，在保证极致价格的同时又合理控制了成本，最重要的是还不影响产品的质量。

图9-12　德立轻定制

9.5　直播：一直播，明星+公益+微博的三大利器

2016年，直播之战越发激烈。各大平台直播APP就像雨后春笋一般层出不穷，争先恐后地抢占直播市。在直播市场的残酷竞争之下，能成

为直播爆品的少之又少，但一直播却成为了直播爆品之一。那么，一直播是如何将自己打造成爆品，赢得这场直播大战呢？

9.5.1 承包娱乐圈，利用明星的力量

一直播之所以能成为爆品，与明星有着极大的关系。一直播上线伊始，就邀请了各大明星助阵。邀请曾创下小咖秀20亿点击量的贾乃亮担任首席创意官，为新产品打开知名度，随后冠名宋仲基亚洲巡回粉丝见面会。

数据显示，过去的7场宋仲基粉丝见面会，直播视频的播放次数超过1.6亿，点赞次数超过3.6亿，单场同时最高在线人次350万以上。除此之外，还有姚晨、刘烨、关晓彤、蒋欣、张杰、谢娜等300多位明星也加入了一直播。一直播甚至还邀请了香港四大才子中的倪匡和蔡澜加入。

明星之所以愿意加入一直播，很大程度是由于一直播与微博的“强关系”，粉丝可以直接在微博上观看直播，和明星们互动。这样一来，明星过往在微博积淀的粉丝就可以很自然地导入到直播里，并不需要重新积累与迁移。

与其他直播平台需要花重金邀请明星不同，一直播有着天然的明星渠道。为其提供独家支持的微博、秒拍、小咖秀上积累的明星与大V已超过了3000人，其明星粉丝总数达到了20亿（见图9-13）。而这样的优势是其他直播平台无法比拟的，这也是一直播能成为直播爆品的原因。

图9-13　微博上的各大明星都加入了一直播

9.5.2　将公益进行到底，树立正面品牌形象

2016年5月22日，一直播与“免费午餐”“微公益”联合发起“爱心一碗饭”公益活动，该活动是通过直播明星做饭或吃一碗饭的形式，号召社会关注贫困山区儿童的饮食营养。活动前后吸引了300多位明星的加入，截至2016年7月17日，共为贫困地区儿童募集善款130万元，筹集近325000份免费午餐。直播视频累计播放超过2.5亿次，点赞数超8亿，微博话题阅读15.4亿，直播时长超过192小时（见图7-14）。

图9-14　一直播、免费午餐、微公益在微博上发起“爱心一碗饭”

除此之外，李连杰、马云等人也通过一直播与用户分享倡导的公益活动，马云与李连杰的壹基金公益活动直播，累计观看人次达到288.4万。一直播的公益行为为其塑造了良好的品牌形象，让其更受用户的认可。

9.5.3　从官方媒体到网红自媒体

一直播不止吸引了明星群体，也吸引了媒体与官方机构的加入。比如，一直播作为联合国在中国的官方直播平台，全程直播了下任联合国秘书长克里斯蒂娜在位于纽约的联合国总部接受的“公开面试”。能得到联合国的青睐，充分说明了一直播在业界的口碑与影响力。又比如，公安部门也多次通过一直播直播了执法过程（见图9-15）。

图9–15　一直播直播交通执法过程

9.6　餐饮：探鱼，做烤鱼界的独特风景

每年，在餐饮界都会出现不少爆品，例如海底捞、雕爷牛腩、黄太吉，而2016年的餐饮爆品非探鱼莫属。探鱼起步于深圳，被用户誉为最文艺的烤鱼。从灯饰到摆设，从餐饮到餐具，从墙面到地板，都是复古

的风格。最让人惊讶的是，探鱼的日翻台率达到了16次，排号高峰达到1000，成为2016年的新餐饮爆品。那么，现在我们就来看看，探鱼是如何将自己打造成爆品的。

9.6.1　利用独特风格，为用户制造话题

探鱼在风格上打破了原先烤鱼店的刻板印象，把街边大排档的感觉转为更加符合潮流的复古风（见图9-16）。从踏入餐厅开始，用户就可以感受到探鱼浓浓的复古风。接待处是以黑色为色调，店面玻璃上与墙壁上涂鸦着各式各样的古怪可爱的卡通，与品牌名相互呼应；用餐区的餐桌餐椅以木制家具为主，餐桌上整齐地摆放着四种不同颜色的小猫碗碟，菜单则采用手绘的卡通风格，饶有趣味。

图9–16　探鱼的装修风格

店内的所有摆饰走的都是“怀旧”风，老式的缝纫机、复古的电视机、七八十年代的收音机，以及充满童年回忆的变形金刚，店内的电视屏幕上则播放着黑猫警长与葫芦娃等七八十年代的卡通片。

探鱼表示，回忆都是美好的，他们希望通过怀旧的风格唤起用户对八十年代的回忆，让用户与探鱼在情感上产生共鸣，同时也为用户提供聊天话题。

9.6.2 打造新鲜感，菜品更新速度快

环境只是辅助因素，餐饮行业的核心永远是菜品的品质。探鱼的成功也正是保持了这个核心不变。不像某些餐饮品牌，追求营销的过程中，反而丢失了餐饮的本质。现在我们就来看看探鱼是如何保证自己的品质的。

9.6.2.1 独特的制造方法

探鱼使用的烤鱼必须是鲜活的，对鱼的鲜活度采取了零容忍的原则；烤鱼使用炭火烤，这样比“煎炸烹炸”更能留住鱼的营养，也更为健康。为了保持口味，探鱼有其独特的制造方法。

第一，把鱼放在烤鱼炉内烤熟，再根据对应的口味浇上炒制的料头，上到桌面后继续用炭火加温，以此保持鱼肉的鲜美度。

第二，为了追求正宗风味，探鱼的许多原材料都是从贵州、重庆、成都等原产地直接采购。

9.6.2.2 丰富的菜品，口味多样

探鱼有19种口味，如香辣、麻辣、混椒馋嘴、鸡汁菌菇等。另外还

包括了烧烤、前菜、小吃甜点、自制饮品等5条产品线。其中，如“重庆豆花烤鱼”“泡泡蛙”等原创产品最受用户欢迎（见图9-17）。

图9-17　探鱼的各种菜品

9.6.2.3　菜品更新速度快

为了不断地给用户新鲜感，探鱼的菜品更新速度非常快，每月都会有数十款新品上市，把排名靠后的产品淘汰掉。这种末位淘汰制，不仅能够让用户尝到新口味，也能够让探鱼了解到用户的真正需求。

9.6.3　将体验做到极致

相比于普通的大众餐饮，探鱼更符合年轻用户的喜好，除了重视环境与品质，在服务上也追求极致。

在每家店，除了安装WIFI，还提供随时可借用的移动电源。针对如今的快节奏生活习惯，探鱼提出了“23分钟上菜，超时69折”的概念。

这对活鱼现杀现烤的烤鱼餐饮店来说，在实际操作上非常困难。可探鱼却做到了，为的就是能给用户提供极致的体验。

9.7　社交：探探，陌生化社交的新爆品

探探是一款基于推荐算法的全新模式社交应用，根据用户的资料、位置、标签等信息，计算并推送身边的匹配用户，有效帮助用户结识他人（见图9-18）。探探于2014年9月上线，不到两年时间，已成为90后最大的社交平台之一。探探是如何在已被微信、QQ、陌陌等巨头的垄断下建立了属于自己的市场，并成为2016年最火爆的设计产品呢？

图9-18　探探

探探的用户主要集中在大四毕业到工作五年这一区间，也就是单身白领阶层。这部分用户注重生活品质，期望认识更多的人，他们的社交需求一直处于难以被满足的状态，而探探所想占据的正是这一领域。

9.7.1 陌生人社交机制

一般陌生人社交的流程是：意愿—载体—破冰—建立关系。用户通过互动与参与产品关联，而产品的作用则是在于制订有效与合理的规则，维护秩序。意愿是否能够得到有效匹配、载体是否具备效果、破冰契机又如何，这些都将决定最后的关系如何。而探探维护陌生人社交机制的设计主要包括以下几个方面（见图9-19）。

提高相互选择的效率

•相互喜欢即可配对聊天，能看到联系方式的人都是相互喜欢的。平衡了消极力量，提示用户，选择不喜欢时，对方不会收到通知，避免社交中被拒绝的尴尬

通过照片的第一印象快速选择

•照片最多可添加5张，载体简单而有效

信息真实

•需完善电话、星座等信息，要求用户上传真实的个人照；无个人图片不可进入系统、使用人脸识别来判定真实照片

图9-19　陌生人社交机制的设计

9.7.2 基于算法的推荐机制

为了满足更多用户的需求，探探开发了一套基于算法的“推荐机制”。探探会根据十几项指标，比如兴趣爱好、职业、年龄、家乡等来

猜测用户比较喜欢什么类型的交友对象。用户使用产品越久，喜欢的人越多，根据算法进行的推荐就越精准。如果从用户的指标中算出用户对颜值、身材有一定要求，探探就会给这类用户推荐高颜值的选择对象；如果比较注重知识、学历和职业，就给用户推荐高学历的选择对象。

9.7.3 把产品设计视角定位为女性

探探与其他社交软件最大的不同点在于，它是以女性视角来设计产品的。无论从当下的社会男女比例还是性别心理差异来看，大多数的社交产品用户主力都是男性，因此这也导致了大多陌生社交产品是以男性视角来设计产品。所以，女性的需求一直无法得到满足。针对女性，探探做了以下几个方面的产品设计。

首先，从产品名字、LOGO设计，再到色调使用和宣传推广上都偏于女性化，包括APP的提示都与90后女性用户说话的风格相似。

其次，给女性提供更舒适安全的玩法。相对于男性用户，女性用户拥有更多的选择权，同时还拥有避免被骚扰的权利。如果选择的一方不经过女性自己的选择确认，那么在该平台上俩人就再无交集，避免被骚扰情况的发生。

再次，计算机制更符合女性的心理。女性用户可以看到有多少人喜欢自己，但是看不到对方是谁，让其产生一种既惊喜又好奇的心理（见图9-20）。

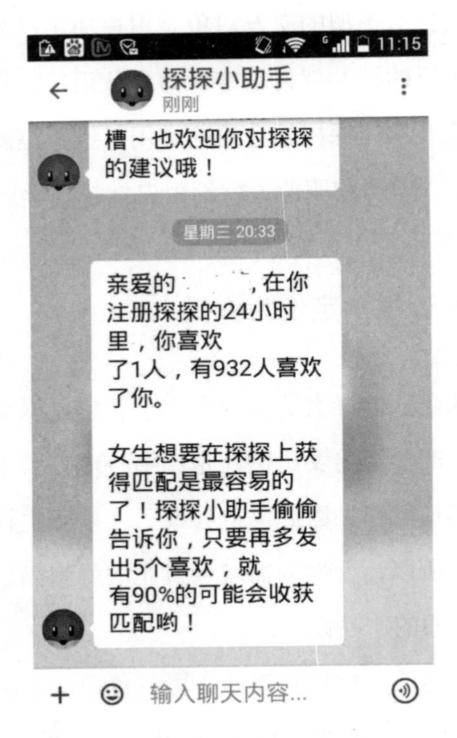

图9-20　探探的功能设计